工业机器人
应用编程与操作实践

刘毅 江辉◎主编

四川科学技术出版社

图书在版编目（CIP）数据

工业机器人应用编程与操作实践 / 刘毅 , 江辉主编
. -- 成都 : 四川科学技术出版社 , 2024.3
ISBN 978-7-5727-1306-4

Ⅰ . ①工⋯ Ⅱ . ①刘⋯ ②江⋯ Ⅲ . ①工业机器人—
程序设计 Ⅳ . ① TP242.2

中国国家版本馆 CIP 数据核字（2024）第 056738 号

工业机器人应用编程与操作实践

GONGYE JIQIREN YINGYONG BIANCHENG YU CAOZUO SHIJIAN

主　编　刘　毅　江　辉

出 品 人　程佳月
责任编辑　文景茹
助理编辑　周梦玲
封面设计　夏　霞
责任出版　欧晓春
出版发行　四川科学技术出版社
地　　址　四川省成都市锦江区三色路 238 号新华之星 A 座
　　　　　传真：028-86361756　邮政编码：610023
成品尺寸　170mm×240mm
印　　张　19　　字　数　300 千
印　　刷　成都一千印务有限公司
版　　次　2024 年 3 月第 1 版
印　　次　2024 年 4 月第 1 次印刷
定　　价　78.00 元
ISBN 978-7-5727-1306-4

邮购：四川省成都市锦江区三色路 238 号新华之星 A 座 25 层
邮购电话：028-86361770　邮政编码：610023

CONTENTS
目 录

项目一
认识工业机器人

 **项目描述**

提起机器人，你是否想到的是图 1-1 所示的好莱坞电影中无所不能的超级机器人战士，抑或是餐厅中见到的机器人服务员等。其实机器人有很多种类型，例如服务机器人、特种机器人、工业机器人等。图 1-2 所示的工业机器人的技术是其中最成熟的，它的使用也是目前最广泛的。工业机器人在智能制造中的价值如皇冠顶端的明珠。想要学好工业机器人技术，就需要我们对工业机器人有所了解，能够熟练地说出工业机器人的组成、应用、分类等，争取做一名合格的工业机器人编程调试技术员。

图 1-1　机器人战士

图 1-2　工业机器人

 **知识目标**

◆ 能够知道工业机器人的组成和功能作用。
◆ 能够知道工业机器人的定义、分类、应用等。
◆ 能够知道工业机器人铭牌内容的含义。
◆ 能够知道工业机器人日常维护与保养的方法。

◆ 能够知道工业机器人的使用注意事项。

 素质目标

◆ 学员具备 "7S"[①] 现场管理意识。
◆ 学员具备团队协作与沟通的能力。
◆ 学员具备分析和解决问题的能力。

▶ 任务1　工业机器人概述 ◀

任务导入

机器人技术是综合了计算机、控制论、机构学、信息和传感技术、人工智能、仿生学等多种学科而形成的高新技术。那么怎样的机器人被称为工业机器人？它又有哪些类型？可以做哪些工作呢？图1-3为IRB 1200工业机器人。

图1-3　IRB 1200
工业机器人

任务目标

◆ 能够知道工业机器人的定义。
◆ 能够知道工业机器人的特点。
◆ 能够知道工业机器人的三定律。
◆ 能够知道工业机器人的分类。
◆ 能够知道工业机器人的应用。

任务实施

 任务实施指引

让学习小组结合老师播放的工业机器人相关视频合作查阅资料。让学员根据自己的理解说说对工业机器人的认识。通过启发式教学，激发学员的学习兴趣与学习主动性。

---

① "7S"是整理、整顿、清扫、清洁、素养、安全和节约这7个词的英文缩写。

❖ **实施步骤1：理解工业机器人的定义**

各学习小组合作搜集工业机器人的相关信息，然后通过讨论给工业机器人下一个定义，最后各组派代表现场汇报讨论结果，并将结果写在下面的横线上。

_____

_____

关联知识1：工业机器人的定义

工业机器人一般指的是在工厂车间环境中，配合自动化生产的需要，代替人来完成材料的搬运、加工、装配等操作的一种机器人。在工业生产中使用工业机器人，可使生产自动化程度大大提高，同时因为工业机器人在重复生产中不会因为原因降低加工精度与效率，所以将极大地提高企业的经济效益。有关工业机器人的定义，不同相关组织有着不同的说法，我们可以从这些不同说法中对工业机器人有更深入的了解。

1. 美国机器人工业协会（RIA）

工业机器人是一种用于移动各种材料、零件、工具或专用装置的，通过程序动作来执行各种任务的，并具有编程能力的多功能操作机。

2. 日本机器人工业协会（JIRA）

工业机器人是一种装备有记忆装置和末端执行装置的，能够完成各种移动来代替人类劳动的通用机器。

3. 国际标准化组织（ISO）

工业机器人是一种自动的、位置可控的、具有编程能力的多功能操作机。这种操作机具有几个轴，能够借助可编程操作程序来处理各种材料、零件、工具和专用装置，以完成各种任务。

4. 国际机器人联合会（IFR）

工业机器人是一种可自动控制的、可重复编程的（至少具有三个可重复编程轴）、具有多种用途的操作机。

以上定义的工业机器人实际上均指操作型工业机器人。

为了达到其功能要求，工业机器人的功能组成中应该有以下几个部分。

（1）为了完成作业要求，工业机器人应该具有操作末端执行器的能力，并能正确控制其空间位置、工作姿态及运动程序和轨迹。

（2）能理解和接收操作指令，把这种信息化了的指令记忆、存储，并通过其操作臂各关节的相应运动复现出来。

（3）能和末端执行器（如夹持装置或其他操作工具）及其他周边设备（加工设备、工位器具等）协调工作。

关联知识2：机器人的三定律

机器人的三定律为：第一定律是机器人不得伤害人类个体，或者目睹人类个体将遭受危险而袖手旁观；第二定律是机器人必须服从人给予的命令，当该命令与第一定律冲突时例外；第三定律是机器人在不违反第一、第二定律的情况下，要尽可能保护自己。

❖ **实施步骤2：认识工业机器人的分类**

结合图1-4所示的工业机器人图，查阅资料，说出图1-4中每种类型工业机器人的名称，并找出其不同点。

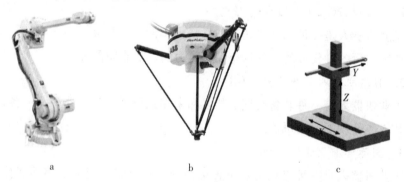

a   b   c

图1-4   工业机器人的类型

关联知识1：工业机器人的分类

关于工业机器人的分类，国际上没有制定统一的标准，可按工业机器人的拓扑结构、臂部的运动方式、程序输入方式等进行划分。

1. 根据拓扑结构分类

（1）串联机器人。当各连杆组成一开式机构链时，所获得的机器人结构称为串联结构，使用该结构的为串联机器人，如安川 MH6 型工业机器人。串联机器人如图1-5所示。

（2）并联机器人。当末端执行器通过至少两个独立的运动链和基座相连，且组成一闭式机构链时，所获得的机器人结构称为并联结构。并联机器人如图1-6所示。

图1-5　串联机器人　　　　　图1-6　并联机器人

（3）混联机器人。将串联机器人和并联机器人结合起来的机器人，即为混联机器人。常有3种形式，分别为并联机构通过其他机构串联而成、并联机构直接串联在一起、在并联机构的支链中采用不同的结构。

2. 根据臂部的运动形式分类

工业机器人根据臂部的运动形式，可分为4种，如图1-7所示，具体如下。

（1）直角坐标型：臂部可沿三个直角坐标移动。

（2）圆柱坐标型：臂部可做升降、回转和伸缩动作。

（3）球坐标型：臂部能回转、俯仰和伸缩。

（4）全关节型：臂部有多个转动关节。

a. 直角坐标型　　b. 圆柱坐标型　　c. 球坐标型　　d. 全关节型

图1-7　工业机器人按臂部的运动形式分类

3. 根据程序输入方式分类

工业机器人程序输入方式可分为编程输入型和示教输入型。

编程输入型是将计算机上已编号的作业程序文件，通过RS232串口或者以太网等通信方式传送到机器人控制器。

示教输入型的示教方法有两种：一种是由操作者用手动控制器（示教操纵盒），将指令信号传给驱动系统，使执行机构按要求的动作顺序和运动轨迹操演一遍；另一种是由操作者直接领动执行机构，按要求的动作顺序和运动轨迹操演一遍。在示教的同时，工作程序的信息自动存入程序存储器中。在机器人自动工作时，控制系统从程序存储器中检出相应信息，将指令信号传给驱动系统，使执行机构再现示教的各种动作。使用示教输入程序的工业机器人被称为示教再现机器人。

4．根据系统功能分类

工业机器人根据其系统功能可分为以下4类。

（1）专用机器人。这种工业机器人在固定地点按固定程序工作，无独立的控制系统，具有动作少、工作对象单一、结构简单、使用可靠和造价低的特点。

（2）通用机器人。这是一种具有独立控制系统、动作灵活多样，能通过改变控制程序完成多种作业的工业机器人。它的结构较复杂、工作范围大、定位精度高、通用性强，适用于不断变换生产品种的作业。

（3）示教再现机器人。这种工业机器人具有记忆功能，可完成复杂动作，适用于多工位和经常变换工作路线的作业。它的编程方法比一般通用机器人先进，能采用示教法进行编程：由操作者通过手动控制，先"示教"机器人，做一遍操作示范，完成全部动作以后，示教再现机器人的存储装置便能记忆所有动作的顺序，此后它就能重复操作者教给它的动作。

（4）智能机器人。这种机器人具有视觉、听觉、触觉等各种感觉功能，能够通过比较识别做出决策，并自动进行反馈补偿，完成预定的工作。

关联知识2：工业机器人的特点

工业机器人的特点主要有以下几个。

1．可编程

生产自动化的进一步发展是柔性自动化。工业机器人可随其工作环境变化的需要而再编程，因此它能在小批量、多品种、具有均衡高效率的柔性制造过程中发挥很好的功能作用，是柔性制造系统中的一个重要组成部分。

2．拟人化

工业机器人在机械结构上有类似人的大臂、小臂、手腕、手爪等部分，在控制上有计算机。此外，智能化工业机器人还有许多传感器，如皮肤型接触传感器、力传感器、负载传感器、视觉传感器、声觉传感器、语音功能传感器等。

3．通用性

除了专门设计的专用的工业机器人外，一般工业机器人在执行不同的作业任务时具有较好的通用性。例如，更换工业机器人手部的末端执行器便可执行不同的作业任务。

4．机电一体化

第三代智能机器人不仅具有获取外部环境信息的各种传感器，而且还具有记忆能力、语言理解能力、图像识别能力、推理判断能力等，这些都是微电子技术的应用，与计算机技术的应用密切相关。

工业机器人与自动化成套技术集中并融合了多项学科，涉及多项技术，包括工业机器人控制技术、机器人动力学及仿真、机器人构建有限元分析、激光加工技术、模块化程序设计、智能测量、建模加工一体化、工厂自动化及精细物流等先进技术，技术综合性强。

❖ **实施步骤 3：认识工业机器人的应用**

请同学们观看工业机器人应用的相关视频，搜集工业机器人应用的相关信息，并说出图 1-8 至图 1-13 中的工业机器人分别应用哪些场景。

图 1-8　工业机器人的应用（一）

图 1-9　工业机器人的应用（二）

图 1-10　工业机器人的应用（三）

图 1-11　工业机器人的应用（四）

图 1 - 12　工业机器人的应用（五）

图 1 - 13　工业机器人的应用（六）

关联知识 1：工业机器人的应用

1969 年，美国通用汽车公司用 21 台工业机器人组成了焊接轿车车身的自动生产线。此后，各工业发达国家都很重视研制和应用工业机器人。图 1 - 14 展示了近几年来工业机器人在各行业的应用分布情况。由图 1 - 14 可知，当今世界近 60% 的工业机器人集中应用在汽车领域，主要进行搬运、码垛、焊接、涂装和装配等复杂作业操作，其具体应用如下。

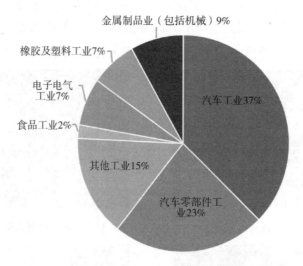

图 1 - 14　近年工业机器人在各行业的应用分布情况

1. 搬运机器人

搬运作业是指一种设备握持工件，从一个加工位置移到另一个加工位置。搬运机器人可安装不同的末端执行器（如机械抓手、真空吸盘、电磁吸盘等）以完成各种不同形状和状态的工件的搬运工作，大大减轻了人类繁重的体力劳动。通过程序控制，可以让多台机器人配合各道工序、不同设备的工作，实现流水线作业的最优化。搬运机器人具有定位准确、工作节拍可调、工作空间大、性能优良、运行平稳可靠、维修方便等特点。目前世界上使用的搬运机器人逾 10 万台，被广泛应用于冲压机自动化生产线、自动装配流水线、集装箱等的自动搬运。搬运机器人如图 1 - 15 所示。

图 1 - 15　搬运机器人

2. 码垛机器人

码垛机器人是机电一体化的高新技术产品，它可按照要求的编组方式和层数，完成对料袋、胶块、箱体等各种产品的码垛。在码垛作业中，机器人替代了人工进行搬运、码垛，在生产上能迅速提高企业的生产效率和产量，同时能减少人工作业造成的错误。此外，它还可以全天候作业，从而可节省大量的人力资源成本，使企业实现减员增效。码垛机器人被广泛应用于化工、饮料、食品、啤酒、塑料等生产企业，对袋装、罐装、箱装、瓶装等各种形状的包装成品都适用。码垛机器人如图 1 - 16 所示。

图 1 - 16　码垛机器人

3. 焊接机器人

焊接机器人最早应用在装配生产线上，这是目前最大的工业机器人应用领域（如工程机械、汽车制造、电力建设、钢结构等）。焊接机器人能在恶劣的环境下连续工作并提供稳定的焊接质量，这提高了工作效率，减轻了工人的劳动强度。采用机器人焊接是焊接自动化的革命性进步，它突破了焊接刚性自动化（焊接专机）的传统方式，开拓了一种柔性自动化的生产方式，实现了在一条焊接机器人生产线上同时自动生产若干种焊件的操作状态。焊接机器人如图 1 - 17 所示。

图 1 - 17　焊接机器人

4．涂装机器人

涂装机器人充分应用了机器人灵活、稳定、高效的特点，适用于对生产量大、产品型号多、表面形状不规则的工件外表面进行涂装，被广泛应用到汽车零配件（如发动机、保险杠、变速箱、弹簧、板簧、塑料件等）、家电（如电视机、电冰箱、洗衣机、电脑、手机等的外壳）、建材（如卫浴陶瓷）、机械（如电动机减速器）等行业。涂装机器人如图 1-18 所示。

图 1-18　涂装机器人

5．装配机器人

装配机器人是柔性自动化系统的核心设备，它的末端执行器为适应不同的装配对象而被设计成各种"手爪"，它的传感系统用于获取装配机器人与环境和装配对象之间相互作用的信息。与一般工业机器人相比，装配机器人具有精度高、柔性好、工作范围小、能与其他系统配套使用等特点。机器人装配被广泛应用于各种电器的制造行业及流水线产品的组装作业中。装配机器人如图 1-19 所示。

图 1-19　装配机器人

6．CNC 上下料机器人（computerized numerical control，计算机数字控制机床）

CNC 上下料机器人主要实现机床制造过程的完全自动化，并采用了集成加工技术，可以实现对圆盘类、长轴类、不规则形状类、金属板类等工件的自动上下料、工件翻转、工件转序等工作，并且不依靠机床的控制器进行控制。其机械手采用独立的控制模块，不影响机床运转，具有很高的效率，可保证产品质量的稳定性，结构简单易于维护，可以满足不同种类的产品生产。对用户来说，关于 CNC 上下料机器人，只需要做出有限调整，就可以很快进行产品结构的调整和产能扩大，可大大降低工人的劳动强度。CNC 上下料机器人如图 1-20 所示。

图 1-20　CNC 上下料机器人

任务拓展

1. 什么是工业机器人？它有哪些特点？

_____

_____

_____

2. 工业机器人常见的分类形式有哪些？分别是什么？

_____

_____

_____

3. 工业机器人常见的应用有哪些？分别是什么？

_____

_____

_____

▶ 任务2　工业机器人作业系统组成认知 ◀

任务导入

　　如图 1-21 所示，工业机器人作业系统通常由多个部件组合而成，学员在老师的指导下观察工业机器人作业系统，了解组成工业机器人作业系统的常见部件有哪些？它们分别都有什么作用？

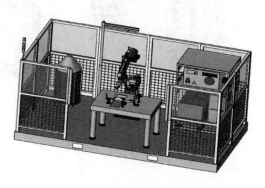

图 1-21　工作机器人作业系统

任务目标

◆ 能够知道工业机器人本体的结构组成和功能作用。

◆ 能够知道工业机器人控制器的结构组成和功能作用。

◆ 能够知道工业机器人示教器的结构组成和功能作用。

◆ 能够知道工业机器人驱动系统的分类和功能作用。

◆ 能够知道工业机器人末端执行器的分类和功能作用。

任务实施

任务实施指引

在 IT（information technology，信息技术）设备全部断电的前提下，可以让学员在老师的指引下观察工业机器人系统，然后让学员结合教材内容说出工业机器人系统中各部件的名称，以及各部件的作用。通过启发式教学，激发学员的学习兴趣与学习主动性。

❖ **实施步骤 1：认识工业机器人的组成**

请学员通过观察工业机器人，了解工业机器人的组成部分，说出图 1 - 22 各部件的名称及功能，并填写到表 1 - 1 中。

①　　　　　　　　②　　　　　　　　③

图 1 - 22　工业机器人的组成部件

表1-1 工业机器人的组成部件及其功能

序号	组成部件	功能
①		
②		
③		

温馨提示：

1. 参观设备时，必须听从老师的安排，不准私自触碰设备与电源开关。

2. 参观完毕后有序回到讨论区，完成表1-1的填写。

关联知识：工业机器人的组成

工业机器人一般由3部分组成：机器人本体、控制器和示教器。

（1）机器人本体：机器人本体又称为操作机，是工业机器人的机械主体，是用来完成归档作业任务的执行机构。

IRB 1200 机器人为6轴机器人，如图1-23所示。该类机器人通过6个伺服电动机分别驱动自己的6个关节轴。对6轴机器人而言，其机械臂主要包括基座、腰部、手臂（大臂和小臂）和手腕。

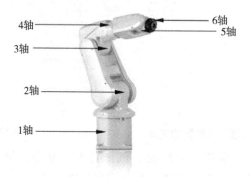

图1-23 6轴机器人

（2）控制器。图1-24所示 IRB 1200 机器人一般采用 IRC 5 紧凑型控制器。在工业机器人中，控制器是很重要的设备，可比作是机器人的大脑，它被用于安装各种控制单元，进行数据处理、存储和执行程序。

（3）示教器。图1-25所示的是 ABB 机器人示教器。示教器是机器人系统的核心部件，由硬件和软件组成，其本身就是一套完整的计算机。示教器是工业机器人的人-机交互接口，机器人的所有操作基本都是通过它来完成的，如手动操作机器人，编写、调试和运行机器人程序，设定、查阅机器人状态设置和位置等。它可以在恶劣的工作环境下持续工作，其触摸屏易于清洁，且防水、防油等。

图 1-24　IRC 5 紧凑型控制器

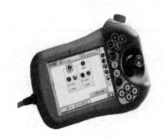

图 1-25　ABB 机器人示教器

❖ **实施步骤 2：认识 ABB 机器人铭牌**

请学员查看现场工业机器人，找出工业机器人机械臂与控制器的铭牌，并说说每一行代表什么含义？完成图 1-26、图 1-27 铭牌内容的填写。

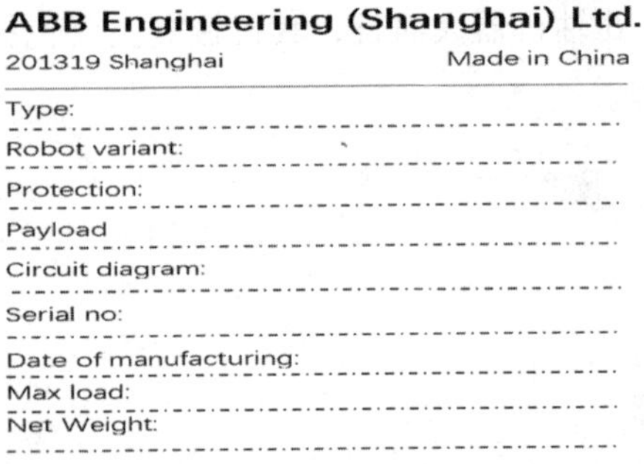

ABB Engineering (Shanghai) Ltd.

201319 Shanghai　　　　　　　　Made in China

Type:
Robot variant:
Protection:
Payload
Circuit diagram:
Serial no:
Date of manufacturing:
Max load:
Net Weight:

图 1-26　ABB 机器人机械臂的铭牌

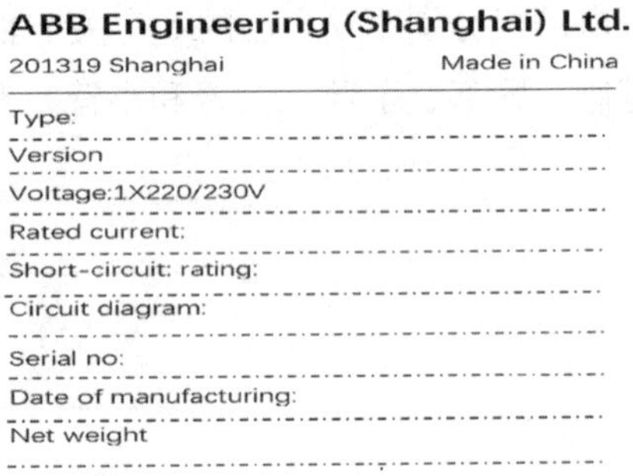

ABB Engineering (Shanghai) Ltd.

201319 Shanghai　　　　　　　　Made in China

Type:
Version
Voltage:1X220/230V
Rated current:
Short-circuit: rating:
Circuit diagram:
Serial no:
Date of manufacturing:
Net weight

图 1-27　ABB 机器人控制器的铭牌

ABB 机器人工业应用十分广泛，机械臂型号众多，每一种型号的参数不同。在使用 ABB 机器人前我们需要从认识机械臂铭牌开始。

图 1-28 所示为 IRB 1200 机器人机械臂的铭牌内容。

从 IRB 1200 机器人的机械臂铭牌中可以看出，机器人的机械臂净重 52 kg，有效负载为 7 kg，工作半径为 0.7 m。

关联知识：识读 ABB 机器人控制器铭牌

ABB 机器人常用的控制器有两种：IRC5 标准控制器与 IRC5 紧凑型控制

器。在控制器接通电源之前必须准确识读控制器铭牌，明确控制器的电流、电压等配置要求。图 1-29 所示为 IRC5 紧凑型控制器的铭牌内容。

ABB Engineering (Shanghai) Ltd.	
ABB 工程（上海）有限公司	
201319 Shanghai	Made in China
Type:	IRB 1200
类型:	IRB 1200 机器人
Robot variant:	IRB 1200-7/0.7
型号:	ABB1200 机器人，负载 7kg，工作半径 0.7m
Protection:	IP67/66
防护等级:	IP67/66
Payload	7kg
有效载荷	7kg
Circuit diagram:	See user documentation
电路图:	查看用户文档
Serial no:	**1200-509597**
序列号:	**1200-509597**
Date of manufacturing:	09/07/2017
生产日期:	2017 年 7 月 9 日
Max load:	See load diagram
最大负载:	查看载荷图
Net Weight	52kg
净重:	52kg

图 1-28 IRB 1200 机器人机械臂的铭牌

ABB Engineering (Shanghai) Ltd.	
ABB 工程（上海）有限公司	
201319 Shanghai	Made in China
Type:	IRC5 Compact
类型:	IRC5 紧凑型控制柜
Version:	58A 262V
版本:	58A 262V
Voltage:1X220/230V	Frequency:50~60HZ
单相电: 220~230V	频率: 50~60HZ
Rated current:	7A
额定电流:	7A
Short-circuit rating:	6.5kA
短路额定值:	6.6KA
Circuit diagram:	See user documentation
电路图:	查看用户文档
Serial no:	**1200-509597**
序列号:	**1200-509597**
Date of manufacturing:	20170906
生产日期:	2017 年 9 月 6 日
Net Weight	30kg
净重:	30kg

图 1-29 IRC5 紧凑型控制器铭牌

从 IRC5 紧凑型控制器的铭牌中可以看出，IRC5 紧凑型控制器净重 30 kg，电压 220~230 V，额定电流为 7 A，频率为 50~60 Hz。

❖ **实施步骤 3：认识工业机器人的末端执行器**

观察工业机器人末端执行，找出图 1-30 中的末端执行器，思考说说每个末端执行器的名称及功能，并填写到表 1-2 中。

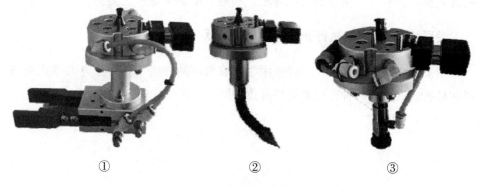

①   ②   ③

图 1-30 工业机器人的末端执行器

表1-2　工业机器人末端执行器的名称及其功能

序号	名称	功能
①		
②		
③		

关联知识1：末端执行器

末端执行器就是工业机器人的手部，是一个独立的部件，安装在工业机器人的腕部上。末端执行器协助工业机器人完成指定的作业任务，其对整个机器人完成作业任务的好坏起着关键的作用。另外，根据作业任务不同，可选用不同的末端执行器。如图1-31中完成焊接作业的工业机器人选用焊枪，完成码垛作业的工业机器人选用吸盘。

a. 完成焊接作业的工业机器人　　　　b. 完成码垛作业的工业机器人

图1-31　末端执行器选用

工业机器人的末端执行器按照其用途和结构不同，可分为机械式夹持器、吸附式执行器和专用执行器（如焊枪、喷嘴、电磨头等）三类。

关联知识2：末端执行器之机械式夹持器

图1-32所示的机械式夹持器按照夹取东西的方式不同，分为内撑式夹持器和外夹式夹持器两种，两者夹持部位不同，手爪动作的方向相反。

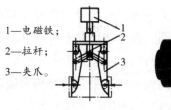

1—电磁铁；

2—拉杆；

3—夹爪。

a. 内撑式夹持器　　　　　　b. 外夹式夹持器

图 1-32　机械式夹持器

关联知识 3：末端执行器之吸附式执行器

吸附式末端执行器依据吸力不同可分为气吸附和磁吸附。

（1）气吸附执行器。气吸附执行器主要是利用吸盘内压力和大气压之间的压力差进行工作，它可依据压力差分为真空吸盘吸附、气流负压气吸附、挤压排气负压气吸附等，具体介绍如下。

①真空吸盘吸附。真空吸盘吸附通过连接真空发生装置和气体发生装置，实现抓取和释放工件。工作时，真空发生装置将吸盘与工件之间的空气吸走使其达到真空状态，此时吸盘内的大气压小于吸盘外大气压，工件在外部压力的作用下被抓取。图 1-33 所示为真空吸盘吸附。

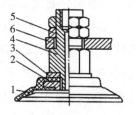

1—橡胶吸盘；2—固定环；

3—垫片；4—支撑杆；

5—螺母；6—基板。

图 1-33　真空吸盘吸附

②气流负压气吸附。利用流体力学原理，通过压缩空气高速流动带走吸盘内气体，吸盘内形成负压，同样利用吸盘内外压力差完成取件动作，切断压缩空气阀门随即吸盘内负压消除，完成释放工件动作。图 1-34 所示为气流负压气吸附。

③挤压排气负压气吸附。利用吸盘变形和拉杆移动改变吸盘内外部压力，完成取件和释放动作。图 1-35 所示为挤压排气负压气吸附。

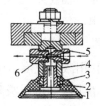
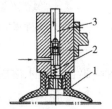

1—橡胶吸盘；2—心套；3—透气螺钉；　　　1—橡胶吸盘；2—弹簧；

4—支撑架；5—喷嘴；6—喷嘴套。　　　　　3—拉杆。

图 1-34　气流负压气吸附　　　　图 1-35　挤压排气负压气吸附

吸附式执行器所使用的吸盘种类繁多，一般分为普通型和特殊型两种。普通型包括平面吸盘、超平吸盘、椭圆吸盘、波纹管形吸盘和圆形吸盘。特殊型吸盘是为了满足在特殊场合应用而设计的，通常可分为专用型吸盘和异型吸盘，它的结构形状因吸附对象的不同而不同。吸盘的结构对吸附能力的大小有很大影响，其材料也对吸附能力有较大影响。目前吸盘常用材料多为丁腈橡胶、天然橡胶和半透明硅胶等。不同结构和材料的吸盘被广泛应用于汽车覆盖件、玻璃板件、金属板材的切割及上下料等场合。吸盘适合抓取表面相对光滑、平整、坚硬及微小的材料，具有高效、无污染、定位精度高等优点。

（2）磁吸附执行器。磁吸附执行器是利用磁力吸取工件。常见的磁力吸附执行器分为电磁吸附、永磁吸附、电永磁吸附等。

①电磁吸附：在内部激磁线圈通直流电后产生磁力，而吸附导磁性工件。图1-36所示为电磁吸附。

②永磁吸附：利用磁力线通路的连续性及磁场的叠加性工作，一般永磁吸附的磁路为多个磁系，通过磁系之间的相互运动来控制工作磁极面上的磁场强度，进而实现工件的吸附和释放动作。图1-37所示为永磁吸附。

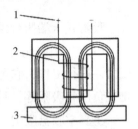

1—直流电源；2—激磁线阀；
3—工件。

图1-36　电磁吸附

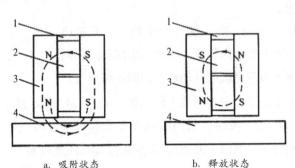

a. 吸附状态　　　　　b. 释放状态

1—非导磁体；2—永磁铁；3—磁轭；4—工作。

图1-37　永磁吸附

③电永磁吸附：利用永磁磁铁产生磁力，利用激磁线圈对吸力大小进行控制，起到"开、关"作用。电永磁吸附结合永磁吸附和电磁吸附的优点，应用十分广泛。

磁吸附执行器的吸盘的分类方式多种多样，依据形状可分为矩形磁吸盘、圆形磁吸盘；按吸力大小分普通磁吸盘和强力磁吸盘等。由上可知，磁吸附执行器只能吸附对磁产生感应的物体，故对于要求不能有剩磁的工件无法使用，且磁力受温度影响较大，所以在高温下工作也不能选择磁吸附执行器，故其在使用过程中有一定局限性。它适合用于抓取精度不高且在常温下工作的工件。

关联知识4：末端执行器之专用执行器

机器人是一种通用性很强的自动化设备，在配上各种专用的末端执行器后，就能完成各种动作。

例如，在通用机器人上安装焊枪后它就成了焊接机器人，安装拧螺母机后它则成了装配机器人。如图1-38所示，专用执行器有焊枪、电磨头、电铣头等。有各种专用执行器可供用户选用，使机器人能胜任各种工作。

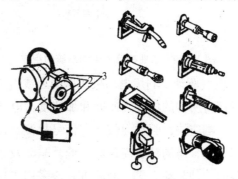

1—气路接口；2—定位销；3—电接头；4—电磁吸盘。

图1-38　专用执行器

❖ 实施步骤4：认识工业机器人驱动系统

工业机器人的各轴要运动就必须提供给各轴动作的原动力，这些原动力由什么部件提供？ABB 1200工业机器人的机械臂中有多少个这样的部件？各小组查阅资料后讨论上述两个问题，并派代表阐述各组讨论的结果。

关联知识1：工业机器人的驱动系统

工业机器人的驱动系统是向执行系统各部件提供动力的装置，包括驱动器和传动机构两部分，它们通常与执行机构连成一体。

根据驱动源不同，驱动方式可分为四种：电气驱动、液压驱动、气压驱动、综合驱动。工业机器人驱动系统的组成如图1-39所示。

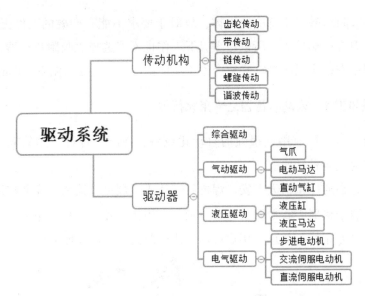

图 1-39　工业机器人驱动系统的组成

（1）电气驱动：电气驱动是利用电动机产生的力或力矩，直接或经过减速机构驱动机器人，以获得所需的位置、速度和加速度。电气驱动的优点有电源易取得，无环境污染，响应快，驱动力较大，信号检测、传输、处理方便，可采用多种灵活的控制方案，运动精度高，成本低，驱动效率高等。电气驱动是目前机器人使用最多的一种驱动方式。电动机一般采用步进电动机、直流伺服电动机及交流伺服电动机。由于电动机转速高，通常还需采用减速机构。

（2）液压驱动：液压驱动系统通常由液动机（各种油缸、油马达）、伺服阀、油泵、油箱等组成，以压缩机油来驱动执行机构进行工作。其优点是操作力大、体积小、传动平稳且动作灵敏、耐冲击、耐振动、防爆性好。利用液压驱动的机器人相对于利用气压驱动的抓举能力更大，可高达上百千克。但液压驱动系统对密封的要求较高，且不宜在高温和低温的场合下工作，并且要求的制造精度较高，成本也较高。

（3）气压驱动：气压驱动系统通常由气缸、气阀、气罐和空压机（或由气压站直接供给）等组成，以压缩空气来驱动执行机构进行工作。其优点是空气来源方便、结构简单、动作迅速、造价低、防火防爆、维修方便等。缺点是操作力小、体积大，并且空气的压缩性大、速度不易控制、响应慢、动作不平稳、有冲击。因为起源压力为 60 mPa 左右，所以此类机器人适宜对抓举力要求较小的场合。

（4）综合驱动：采用混合驱动，即液压、气压或电气、气压混合驱动等。

关联知识2：工业机器人的电动机

电动机是一种把电能转换成机械能的电磁装置，它是利用通电线圈产生旋转磁场并作用于转子形成磁电动力旋转扭矩。其中，电动机运转时静止不动的部分称为定子，运动时转动的部分称为转子。转子的主要作用是产生电磁转矩和感应电动势，是电动机进行能量转换的枢纽，所以又称为电枢。

目前工业机器人采用的电动机主要有步进电动机和伺服电动机两类。

关联知识3：步进电动机与伺服电动机

1. 步进电动机

步进电动机是一种将电脉冲信号转变成相应的角位移或线位移的开环控制精密驱动元件。它的励磁方式分为永磁式、反应式和混合式三种。其中混合式综合了永磁式和反应式的优点，应用最为广泛，其定子上有多相绕组，转子上采用永磁材料。图1-40所示为步进电动机的结构。

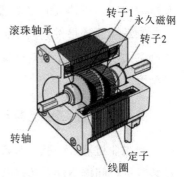

图1-40 步进电动机结构

步进电动机的输出角度精度高，且无累计误差，惯性小，具有自锁力，但存在周期性位置误差。在步进电动机旋转一周的过程中实际步距角与理论步距角的误差会逐步积累。而当步进电动机旋转一周后，其转轴又回到初始位置，使误差回零。步进电动机常用于转矩较小、速度和位置精度要求不高的场合。

2. 伺服电动机

伺服电动机是指在伺服控制系统中控制机械元件运转的电动机。它可以将电压信号转化为转矩和转速以驱动控制对象。在工业机器人系统中，伺服电动机用作执行元件，它把所收到的电信号转换成电动机轴上的角位移或角速度输出。伺服电动机分为直流伺服电动机和交流伺服电动机两大类。

交流伺服电动机具有转动惯量小、动态响应好、能在较宽的速度范围内保持理想的转矩、结构简单、运行可靠等优点。一般相同体积下，交流伺服电动机的输出功率比直流伺服电动机高出10%～70%，且交流伺服电动机的容量比直流电动机大，可达到更高的转速和电压。目前在机器人系统中90%的系统采用交流伺服电动机。

关联知识4：工业机器人的制动器

大部分工业机器人的机械臂的各关节处都有制动器。制动器通常是安装在伺服电动机内，其作用是当机器人停止工作时，保持机械臂的位置不变；当电源发生故障时，保持机械臂和它周边的物体不发生碰撞。常用的是电磁制动器如图1-41所示。

图1-41   电磁制动器

机器人中的齿轮、谐波减速器和滚珠丝杆等部件在驱动器停止工作的时候，是不能承受负载的。如果不安装制动器，一旦电源关闭，机器人的多个部件就会在重力的作用下滑落。

制动器通常是按失效抱闸方式工作的，要想放松制动器就必须接通电源，否则各关节不能产生相对运动。为了使关节定位准确，制动器必须有足够的定位精度。

关联知识5：工业机器人的传动装置

当工业机器人的驱动装置不能与机械结构系统直接相连时，就需要通过传动装置进行间接驱动。传动装置的作用是将驱动装置的运动传递到关节及动作部位，并使其运动性能符合实际运动的需求，以完成规定的作业。工业机器人中驱动装置的受控运动必须通过传动装置带动机械臂产生运动，以确保末端执行器所要求的位置、姿态正确，并实现运动。

常用的工业机器人传动装置有减速器、同步带传动和线性模组。目前工业机器人的传动装置中应用最广泛的是减速器，但与通用的减速器有所不同。工业机器人所用的减速器具有功率大、传动链短、体积小、质量轻和易于控制等特点。

精密的减速器能使机器人的伺服电动机在一个合适的速度下运转，并精确地将转速调整到工业机器人各部位所需要的速度。既提高了机械本体的刚性，又输出更大的转矩。

关节机器人上采用的减速器主要有两类：谐波减速器和旋转矢量（rotary vectorym，RV）减速器。

（1）谐波减速器。谐波减速器主要由波发生器、柔性齿轮和刚性齿轮三个基本构件组成。谐波减速器的优点是传动比特别大、传动紧凑、承载能力高的同时传动效率高，运转安静且振动极小。但是谐波减速器存在回差，即空载和负载状态下的转角不同，由于输出轴的刚度不够大，负载卸荷后有一定的回弹。基于这个原因，一般使用谐波减速器时，让其尽可能地靠近末端执行器，将其用在小臂、腕部或手部等轻负载位置，主要用于 20 kg 以下的机器人关节。图 1-42 所示为谐波减速器的结构。

（2）RV 减速器：由第一级渐开线圆柱齿轮行星减速机构和第二级摆线针轮行星减速机构两部分组成，是一封闭差动轮系。RV 减速器主要由太阳轮（中心轮）、行星轮转臂、摆线轮（RV 齿轮）、针轮、刚性盘与输出盘等零件组成。RV 减速器的基本特点是结构紧凑、传动比大、振动小、噪声低、能耗低，以及在一定条件下具有自锁功能。

与谐波减速器相比，RV 减速器具有较高的疲劳强度、刚度及较长的寿命，而且回差精度稳定，不像谐波减速器，随着使用时间的增长，其运动精度就显著降低，故高精度机器人多采用 RV 减速器。

RV 减速器一般放置在机器人的基座、腰部、大臂等重负载位置，主要用于 20 kg 以上的机器人关节，图 1-43 所示为 RV 减速器的结构。

图 1-42　谐波减速器的结构

图 1-43　RV 减速器的结构

任务拓展

1. 工业机器人由哪几部分组成？作用分别是什么？

_____

_____

2. 工业机器人的末端执行器有哪些类型？各有什么特点？

_____

_____

3. 简述伺服电动机相比步进电动机的优点。

_____

_____

4. 简述谐波减速器与 RV 减速器的特点。它们一般运用在工业机器人的哪些
部位？

_____

_____

▶ 任务 3　工业机器人系统操作员岗前认知 ◀

任务导入

　　通过本任务的学习，能使学员在工业机器人日常学习、操作过程中自觉遵守 "7S" 管理规范的要求，同时做好设备日常维护保养工作。图 1-44 所示为操作员严格执行工业机器人系统的安全文明操作。

图 1-44　安全文明操作

任务目标

◆ 能够熟悉工业机器人系统的安全操作注意事项。

◆ 能够熟悉工业机器人系统的常见安全标识。

◆ 能够熟悉工业机器人系统的日常维护保养方法。

◆ 能在日常工作过程中遵守 "7S" 管理规范。

任务实施

在老师的指引下，学员观看工业机器人系统操作员的岗前认知视频，然后老师组织小组讨论学习工业机器人系统的安全操作规程、安全标识、日常维护保养方法以及"7S"管理。通过启发式教学，激发学员的学习兴趣与学习主动性。

❖ 实施步骤1：认识工业机器人系统的安全操作规程

安全操作工业机器人能够减少系统故障率、停机时间以及人员人身安全等问题，同时提高工作效率。大家觉得应该如何正确操作工业机器人以及在操作时应该注意哪些事项呢？请将操作规程写在表1-3中。

表1-3　工业机器人系统的操作规程

序号	操作规程
1	
2	
3	
4	
5	
6	
7	
8	

关联知识1：工业机器人系统的安全操作规程

工业机器人与一般的自动化设备不同，它可在动作区域范围内高速自由运动。工业机器人最高的运行速度可以达到4 m/s，所以在操作工业机器人时必须严格遵守安全操作规程，具体如下。

（1）不要佩戴手套操作示教器。

（2）在手动操作机器人时应采用较低的倍率速度以增加对机器人的控制

机会。

（3）在按下示教盘上的启动键之前要考虑到机器人的运动趋势。

（4）要预先考虑好避让机器人的运动轨迹，并确认该线路不受干涉。

（5）机器人周围区域必须清洁，保证无油、水及杂质等。

（6）必须确认现场人员情况，安全帽、安全鞋、工作服是否齐备。

（7）禁止随意倚靠、悬吊、敲打设备（如图 1-45 所示）。

图 1-45　禁止悬吊、倚靠、敲打设备

（8）在开机运行前，须知道机器人根据所编程序将要执行的全部任务。

（9）必须知道机器人控制器和外围控制设备上的紧急停止按钮的位置，在紧急情况下按这些按钮。

（10）永远不要认为机器人没有移动其程序就已经完成，因为这时机器人很有可能是在等待让它继续移动的输入信号。

（11）工业机器人系统必须由受过操作教育训练的人员操作使用。

（12）示教作业时，请将［示教作业中］的标语放置在起动开关上。

（13）工业机器人运转时，请确认栅栏将操作员与机器人隔离开，防止直接接触。

（14）保养作业时，请将［保养作业中］的标语放置在起动开关上。

（15）作业开始前请仔细检查，确认机器人及其紧急停止开关、相关装置等无异常状况。

关联知识 2：工业机器人系统的安全操作注意事项

工业机器人系统的安全操作注意事项具体如下。

（1）工业机器人所有操作员必须对自己的安全负责，在使用机器人时必须遵守所有的安全条款规范操作。

（2）机器人程序的编程人员、机器人应用系统的设计和调试人员、安装人员必须经过授权培训机构的操作培训才可进行单独操作。

（3）在进行机器人的安装、维修和保养时切记要关闭总电源。因为带电操作容易造成电路短路，损坏机器人，同时操作人员有触电危险。

（4）在调试与运行机器人时，机器人的动作具有不可预测性，所有的动作都有可能产生碰撞而造成损伤。所以除调试人员以外的人员要与机器人保持足够的安全距离，一般应与机器人工作半径保持 1.5 m 以上的距离。

（5）请确保将机器人固定在底座上，不稳定的姿势可能会产生位置偏移或发生振动。

（6）请勿用力拉扯接头或过度地卷屈电线，否则有可能造成接头接触不良及电线断裂的情况。

（7）夹爪所抓取的工件重量请勿超出夹爪的额定负荷及容许力矩，超出重量的情况下机器人有可能发生异警及故障。

（8）机器人在动作中时请标示为运转状态，没有标示的情况下容易导致人员接近或有错误的操作发生。

（9）点动模式（JOG）的速度请尽量以低速进行，并请勿在操作中将视线离开机器人，否则容易干涉到工件及周边装置。

（10）编辑程序后的机器人自动运转前，请务必确认运转动作，确认其有无可能发生程序错误或干涉周边装置。

（11）发生紧急情况时，及时按下工业机器人系统的紧急停止按钮。

关联知识 3：ABB 工业机器人的急停装置

ABB 工业机器人的急停装置作为机械设备中的关键部件，是保障操作员安全、设备安全工作的最重要的防护装置。当出现下列情况时请立即按下任意紧急停止按钮。

（1）工业机器人运行时，其操纵区域内有工作人员。

（2）工业机器人伤害了工作人员或损伤了机器设备。

如图 1-46 所示，A 处为紧急停止按钮，控制器上的紧急停止按钮位于机柜的面板，手持示教器的紧急停止按钮位于示教器的右上角。不同控制器的紧急停止按钮的位置不一样，紧急停止按钮可随用户的工厂设计而变化。

急停装置优先于其他控制装置，当按下紧急停止按钮时，其他控制装置都将处于锁定状态，工业机器人也会立即停止运动。如果要继续运行，则必须旋转紧急停止按钮将其解锁，接着对停机信息进行确认后方可重新操作机器人。若与机械手相连的工具或其他装置可能引发危险，则必须将其连入设备的紧急停止回路中，否则会造成严重的人身安全或巨大的财产损失。

除了示教器上的急停装置外，还应在别处至少安装一个外部急停装置（图
1-47），以确保发生紧急情况时，即使示教器上的急停装置不起作用，还可以
通过外部急停装置使机器人停止运动。

图1-46   各类ABB工业机器人的   图1-47   工业机器人多功能
           紧急停止按钮   操作台的急停装置

关联知识4：ABB工业机器人的安全保护机制

ABB工业机器人控制器的三个独立的安全保护机制，如表1-4所示。

表1-4   ABB工业机器人控制器的三个独立的安全保护机制

如果将安全保护装置连接到……	那么……
常规模式安全保护停止（GS）机制	在任何操作模式下始终有效
自动模式安全保护停止（AS）机制	仅在系统出于自动模式下有效
上级安全保护停止（SS）机制	在任何操作模式下始终有效

紧急停止和安全保护机制受到监控，以便控制器检测到任何故障时停止机
器人作业，解决出现的问题。

控制器持续监控硬件和软件功能。如果其检测到任何问题或错误，机器人
将停止操作，直到问题解决。具体情况如表1-5所示。

表1-5   内置安全停止功能

如果故障……	那么……
简单且易解决	发出SYSSTOP指令
轻微且可以解决	发出SYSHALT指令，实施安全停止
严重，如导致硬件损坏	发出SYSHALT指令，实施紧急停止。控制器必须重新启动后才能恢复正常操作

❖ **实施步骤2：识别工业机器人系统中常见的安全标志**

小组查阅相关资料后说说下图中的标志分别代表的是什么意思。并将结果分别写在图1-48的横线处。

图1-48 安全标志

关联知识：工业机器人系统中常见的安全标志

1．指令标志

指令标志是强制人们必须做出某种动作或采取防范措施的图形标志，一般以蓝底白字、圆形边框呈现。图1-49为指令标志。

图1-49 指令标志

2．警告标志

警告标志是提醒人们对周围环境引起注意，以避免可能发生危险的图形标志，一般以黄底黑字、三角形边框呈现。图1-50为警告标志。

图1-50　警告标志

3．禁止标志

禁止标志是禁止人们不安全行为的图形标志，一般为白底、红圈、红杠、黑色图案，图案压杠。如图1-51为禁止标志。

图1-51　禁止标志

❖ **实施步骤3：认识工业机器人系统的日常维护保养内容**

工业机器人将人类从繁重、单一、危险的劳动中解放出来，为人类工作、生活带来了无限的便捷。在工业机器人夜以继日地工作后，需要对它进行维护保养，以延长它的使用寿命。你认为应该从哪些方面来对工业机器人系统维护进行保养？将你认为需要进行维护保养的内容写在表1-6中。

表1-6　维护保养内容

序号	维护保养内容
1	
2	
3	
4	
5	
6	
7	
……	

关联知识1：维护工业机器人系统时的安全须知

为了使工业机器人长期保持良好的功能特性，终端用户必须定期对机器人进行预防性维护。我们需要牢记工业机器人系统维护的安全须知。

1. 开始维护的安全须知

机器人的大多数维护作业应在电源和气源关闭的情况下进行。维护作业时维护单上应标明"关闭（电源和气源）"的字样。图1-52为关闭电源警告牌。

图1-52　关闭电源警告牌

2. 维护期间的安全须知

如果故障类型允许机器人重定位，在执行维护之前，把机器人设置在初始位置。在维护或故障排除作业期间，严禁站在机器人附近，应走到离机器人一定距离的地方。

3. 维护结束后的安全须知

维护操作结束后，应检查机器人是否能运行正常。离开机器人工作区之前，应检查机器人是否能正确执行工作内容，以及各安全设备是否正确运行。

每次维护结束后，机器人的初次启动应视为对整个装置的测试。在机器人初次启动过程中，操作员须站在机器人的运动范围之外并且可以检查到机器人各种运动的某个位置，同时，操作员附近须有可用的示教器。

4. 维护人员的安全须知

维护人员须接受正确操作起吊设备的培训，以及接受机械、流控、电气培训，并且熟知进入机器人安装区域的安全注意事项。

关联知识2：检测维护工业机器人时的安全注意事项

1. 关于轴电动机制动闸的安全注意事项

工业机器人本体一般都比较沉重，在工业机器人本体非运行状态时，对轴电动机进行制动就比较重要，所以每一个轴电动机都会配置制动闸。

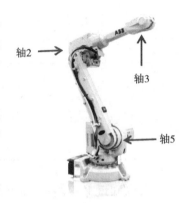

如果制动闸出现损坏、未连接、连接错误或其他故障，将导致其无法使用，这会对操作者产生危险，对机器人造成损坏。如图1-53所示，如果轴2、轴3和轴5的制动闸出现故障而无法抱闸，会导致对应的轴臂跌落。

在对机器人本体进行检测维护前，应检查所有轴的制动闸的性能是否正常。

图1-53　轴2、轴3和轴5的制动闸位置

2. 关于控制器电源的安全注意事项

工业机器人控制器里的部分器件是一直带电的，在主开关关闭的情况下也不会断电，所以若是操作不当就可能会造成人身伤害。

我们在对控制器进行检修前，应先关闭控制器的主开关，并且还需关闭控制器上一级电源的断路器，最后还要使用万用表测量各个裸露的端子，以确保所有端子之间没有带电。控制器的断电过程如图1-54所示。

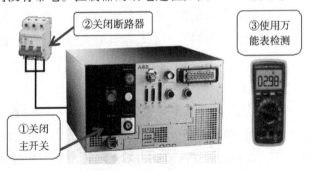

图1-54　控制器的断电过程

3. 消除人体静电

在日常生活和工作中，未接地的人员可能已经积累大量的静电荷。如果该类人员直接进行工业机器人本体与控制器的检修工作，人体与电器元件就会发

生静电放电，导致电器元件受到损坏。

在进行机器人及控制器检修前，我们需要先消除身上的静电，如图 1 - 55 所示，可以先用手接触触摸式静电消除器消除人体静电，然后佩戴控制器上的静电手环后再进行检修。

4．操作时防止工业机器人的高温灼伤

在正常运行过程中，工业机器人的许多部件都会发热，在环境温度高、机器人作业时间长的情况下，控制器中的驱动部件、驱动电机和齿轮箱部位会产生高温，操作员直接触摸的话可能会被烫伤。

如图 1 - 56 所示，应当先使用温度测量仪检测工业机器人，确认无烫伤风险后才可进行检测维护工作。如要拆卸工业机器人本体，必须等到发热组件冷却后才可进行。

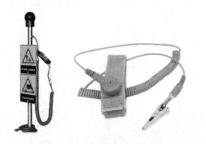 

图 1 - 55　触摸式静电消除器和静电手环　　图 1 - 56　用温度测量仪检测工业机器人

关联知识 3：工业机器人机械臂的检查维护

1．检查工业机器人的电缆线

检查工业机器人与控制器之间的控制线缆是否存在磨损、切割或挤压损坏。如果检测到磨损或损坏，则须更换线缆。图 1 - 57 为 ABB 工业机器人的线缆。

图 1 - 57　ABB 工业机器人的线缆

2．检查机械臂外壳

检查机械臂外壳是否存在裂纹或者其他类型的损坏。如有裂纹或损坏，需要进行更换。

温馨提示：

　　关闭连接到工业机器人上的电、气、液源后才能进入工业机器人工作区域对其机械臂外壳进行检查。

3．检查是否漏油

如果检查到工业机器人本体漏油并怀疑来自齿轮箱，那么就需要执行以下过程。

（1）检查被怀疑漏油的齿轮箱中的油位是否符合标准（请查阅机器人官方手册）。

（2）记下油位。

（3）经过一段时间（如6个月）之后再次检查油位，如果油位降低，就需要更换齿轮箱。

温馨提示：

　　油会使工业机器人的涂漆表面掉色，所以在所有涉及油的修理和维护工作后，请务必将工业机器人擦拭干净，除去表面残留多余的油。

4．固定螺栓的检查

固定工业机器人的4根紧固螺栓必须保持清洁，不可接触水、酸碱溶液等会导致器件腐蚀的液体。工业机器人每工作3个月，就需要检查地基上4根固定螺栓的拧紧扭矩。图1-58所示为工业机器人的固定螺栓。

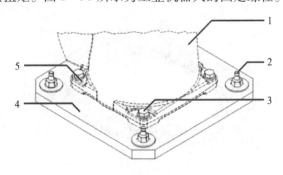

图1-58　工业机器人的固定螺栓

5．轴制动测试

在操作过程中，工业机器人的每个轴电动机的制动器都会磨损。为确定被磨损的制动器是否能正常工作，必须进行检测。可以按照以下所述，检测机械臂上轴电动机的制动器。

（1）运行机械臂至相应位置，该位置机械臂总重及所有负载量达到最大值（最大静态负载）。

（2）轴电动机断电。

（3）检查机械臂上所有轴是否维持在原位。

如轴电动机断电时，机械臂没有改变位置，则制动力矩足够，还可手动移动机械臂，检查是否需要进一步的保护措施。

关联知识4：工业机器人控制器的保养与维护

为了使工业机器人的控制系统处于稳定的工作状态，必须定期对控制器进行保养维护，具体的保养维护流程如下。

（1）断掉控制器的所有供电电源。

（2）检查主机板、存储板、计算板以及驱动板。检查各器件是否安装牢固，若有松动或掉落，需对其重新进行紧固。

（3）检查控制器里面有无杂物、灰尘等，查看其密封性。控制器长期使用后，会有灰尘堆积，需使用刷子清洁外部风扇及其保护栏（6～12个月）、热交换器（6～24个月）等器件。

（4）检查接头和电缆。检查各个接线端子是否牢固，检查线路是否有松动，若有以上现象，需对其进行紧固。此外，还要检查各个接线端子是否损坏，若端子损坏，需更换新端子。电缆如有松动或者破损，需及时更换。

（5）检查风扇是否正常。

（6）检查程序存储电池。

（7）优化工业机器人控制器的硬盘空间，确保其运转空间正常。

（8）检测工业机器人是否可以正常完成程序备份和具备重新导入功能。

（9）检查变压器以及保险丝。

（10）定期更换外风扇和控制系统PC机风扇（5年），更换蓄电池（根据蓄电池监控的显示状态）。

温馨提示:

（1）维护检查工业机器人的控制系统时，其控制系统必须保持关机状态，并采取保护措施以防意外重启。

（2）进行维护检查前需确保电源线已断开。

（3）在清洁工作时应注意遵守清洁剂生产厂家的说明；必须防止清洁剂渗入电气部件内，不允许使用压缩空气进行清洁。请勿用水喷射。

（4）由于控制器中的器件都十分精密，原则上严禁自行打开控制器进行保养，如需保养须咨询专业服务人员，由专业的维护保养人员对控制器进行保养。

❖ 实施步骤4：认识"7S"管理规范

仔细观察图1-59中工业机器人的多功能工作台，并说说你的感想。

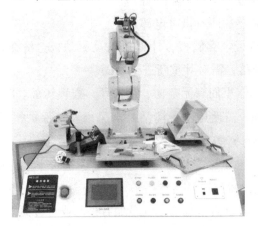

图1-59　工业机器人的多功能工作台

关联知识："7S"现场管理法

1．"7S"现场管理法的意义

"7S"现场管理法的意义如下。

（1）提升企业形象。

（2）提升员工归属感。

（3）减少浪费。

（4）安全有保障。

（5）提升效率。

（6）保障品质。

2．"7S"现场管理法的内容

"7S"现场管理法主要包括以下 7 大块。图 1－60 所示为"7S"现场管理法的标志。

图 1－60　"7S"现场管理法的标志

（1）整理。就是彻底地将要与不要的东西区分清楚，并将不要的东西加以处理，它是改善生产现场的第一步。需对"留之无用，弃之可惜"的观念予以突破，必须摒弃"丢了好浪费""可能以后还有机会用到"等观念。

（2）整顿。把经过整理出来的需要的人、事、物加以定量、定位。简言之，整顿就是人和物放置方法的标准化。整顿的关键是做到定位、定品、定量。抓住了这三个要点，就可以提炼出适合本岗位的东西放置方法，进而使该方法标准化。

（3）清扫。清扫就是彻底地将自己的工作环境四周打扫干净，保持工作场所干净、亮丽。清扫活动的重点是必须按照决定确定清扫对象、清扫人员、清扫方法和准备清扫器具，实施清扫的步骤，这样方能真正起到作用。

（4）清洁。清洁是指对整理、整顿、清扫之后的工作成果要认真维护，使现场保持完美和最佳状态。清洁是对前三项活动的坚持和深入。

（5）素养。要努力提高人员的素养，养成严格遵守规章制度的习惯和作风，培养主动积极的精神。素养是"7S"的核心，没有人员素质的提高，各项活动就不能顺利开展，哪怕开展了也坚持不了。

（6）节约。节约是指对时间、空间、能源等方面合理利用，以发挥它们的最大效能，从而创造一个高效率的、物尽其用的工作场所。应该秉持三个观念：能用的东西尽可能利用；以自己就是主人的心态对待企业的资源；切勿随意丢弃，丢弃前要思考其剩余使用价值。节约是对整理工作的补充和指导。

（7）安全。安全就是要维护人身与财产不受侵害，以创造一个零故障、无意外事故发生的工作场所。实施的要点是不要因小失大，应建立健全的安全管理制度；对操作人员的操作技能进行训练；关注细节，全员参与，排除隐患，重视预防。

任务拓展

1. 说一说，工业机器人系统的安全操作规程有哪些？

   _____

   _____

2. 说一说，工业机器人系统的安全注意事项有哪些？

   _____

   _____

3. 说一说，工业机器人系统的维护保养包含哪些方面？

   _____

   _____

项目二
工业机器人系统作业准备

 项目描述

工业机器人是精密的机电设备，其运输和安装有着特别的要求，每一个品牌的工业机器人都有自己的安装与连接指导手册，但大同小异。工业机器人系统作业前的准备工作流程如图2-1所示。

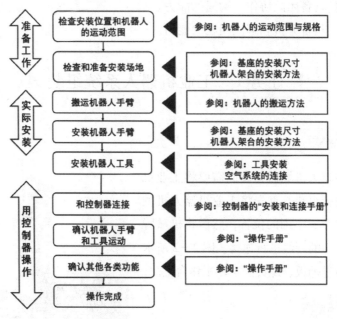

图2-1 工业机器人系统作业前的准备工作流程

 **知识目标**

◆ 能够知道工业机器人机械臂的安装方式以及其与控制器硬线的连接方式。

◆ 能够知道工业机器人机械臂、控制器各接口的定义。

◆ 能够知道工业机器人示教器各按键及菜单的作用。

◆ 能够知道如何手动操纵工业机器人。

 能力目标

◆ 能够正确地完成工业机器人的硬线连接。

◆ 能够使用工业机器人示教器完成系统开关机，程序创建、修改等。

◆ 能够手动操纵机器人完成关节、线性以及重定位运动。

◆ 能够完成工业机器人原点的校准。

 素质目标

◆ 学员具备"7S"现场管理意识。

◆ 学员具备团队协作与沟通的能力。

◆ 学员具备分析和解决问题的能力。

▶ 任务 1　工业机器人系统组装 ◀

任务导入

　　工业机器人进场后，我们需要将工业机器人系统进行组装，首先将工业机器人机械臂固定在平整、牢固的位置，然后将机械臂与控制器之间的硬线进行连接。图 2-2 所示为机械臂通过钢板、螺钉固定在工作台上。

任务目标

◆ 能够正确规范地安装机械臂。

◆ 知道机械臂各接口的定义。

◆ 知道控制器各接口的含义。

◆ 了解工业机器人系统组装的注意事项。

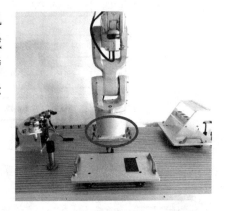

图 2-2　机械臂固定在工作台上

任务实施

　　首先让学员观看工业机器人系统的组装视频，然后在设备全部断电的前提下让各小组观察一体化教室中工业机器人的系统组装，了解工业机器人系统组装的方式和要求，以及机械臂和控制器各接口的定义。通过启发式教学，激发学员的学习兴趣与学习主动性。

❖ 实施步骤1：组装工业机器人的机械臂

　　工业机器人出场时是完整装箱的，开箱时需要使用电动扳手、撬杠、羊角锤等工具先拆盖，再拆壳，注意不要损坏箱内物品。最后拆除的机器人与底板间的固定物，可能是钢丝、自攻钉、钢钉等。在组装工业机器人之前，需要确认装箱清单。工业机器人标配的装箱清单一般包含机械臂、示教器、编码器电缆、电机动力电缆、电源电缆和使用说明书及资料光盘。注意检查箱内各物件是否有破损。将图2-3所示的物件的名称分别写在对应物件下面的画线上。

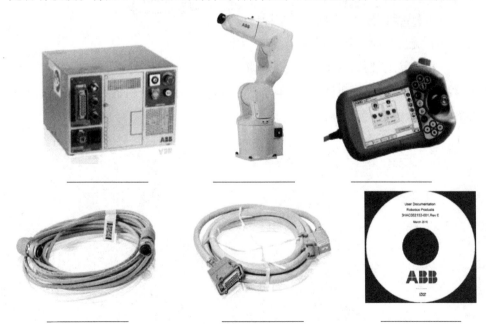

图2-3　标准配置下的各物件

实施过程：机械臂安装

请学员结合一体化教室机械臂的安装，想一想机械臂安装过程中需要注意的事项，并将注意事项填写在表2－1中。

表2－1　机械臂安装过程中的注意事项

序号	注意事项
1	
2	
3	
4	

关联知识1：机械臂的搬运

工业机器人出厂时已被调整到易于搬运的姿态，可以用叉车或起重机搬运。应根据工业机器人重量选择合适的叉车或起重机。注意叉车或吊绳的位置，确保搬运过程平衡稳定。图2－4所示为叉车搬运工业机器人。

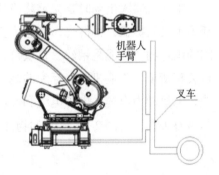

图2－4　叉车搬运工业机器人

使用起重机搬运时常见以下两种情况。

（1）无底板时，在机械臂上安装一个吊环，并在其上挂住吊绳，利用吊绳将机械臂提升起来，有架台时也用同样方法。不同型号的工业机器人，其机械臂提升姿态不同（如图2－5所示）。

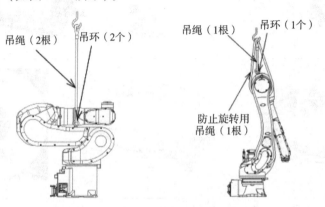

图2－5　无底板时机械臂提升姿态

（2）有底板时，在基座的 4 个吊环上挂着吊绳，防止工业机器人跌倒，再在机械臂上的吊环上挂住吊绳并提升起来，有架台时也用同样方法。不同型号的工业机器人，其提升姿态不同（如图 2-6 所示）。

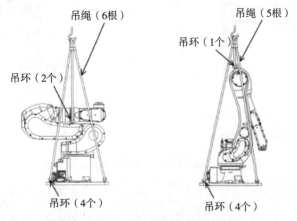

图 2-6　有底板时机械臂的提升姿势

温馨提示：

（1）吊装机械臂时，所有人员禁止站在机械臂的下方。

（2）对于小型机械臂，可以人力搬运。

关联知识 2：机械臂的安装方式

工业机器人机械臂的安装对其功能的发挥十分重要，在实际工业生产中常见的有 4 种安装方式（如图 2-7 所示）。

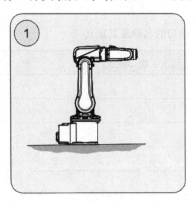

a. 安装角度垂直地面

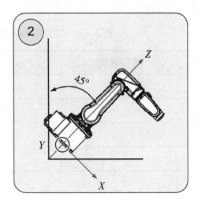

b. 安装角度为 45°（倾斜）

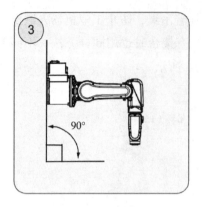

c. 安装角度为90°（壁挂）

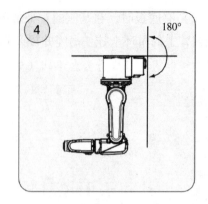

d. 安装角度为180°（悬挂）

图2-7　工业机器人机械臂的常见安装方式

温馨提示：

　　不是所有的工业机器人的机械臂都适合以上4种安装方式，机械臂可行的安装方式需要查看对应机械臂使用手册。

❖ 实施步骤2：工业机器人系统的硬线连接

实施过程1：认识机械臂的接口

　　查看现场工业机器人机械臂的接口名称，查阅资料理解各接口的定义，并将各接口名称及其定义填写在表2-2中。

表2-2　工业机器人机械臂接口的名称及其定义

序号	接口名称	接口定义
1		
2		
3		
4		
5		
6		
……		

关联知识1：机械臂接口的定义

IRB 1200机器人机械臂的基座上的接口包含有集成气源接口、制动释放按钮、以太网通信接口、动力电缆接口、编码器电缆接口、集成信号接口（如图2-8所示）。

名称	定义
A1 ~ A4	集成气源接口
BR	制动释放按钮
R1. ETH	以太网通信接口
R1. MP	动力电缆接口
R1. EIB	编码器电缆接口
R1. CP/CS	集成信号接口

图2-8　IRB 1200机器人机械臂基座上接口的定义

IRB 1200机器人的机械臂除了其基座上的接口外，其第四轴上还有集成信号接口、集成气源接口、以太网通信接口。如图2-9所示。

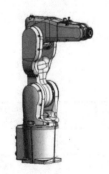 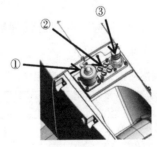

序号	定义
①	集成信号接口
②	集成气源接口
③	以太网通信接口

图2-9　IRB 1200机械臂第四轴上接口的定义

关联知识2：制动释放按钮的使用注意事项

如果工作人员受困于机器人手臂，必须先解救工作人员以免受伤。释放机器人制动闸后可以手动移动机器人，但仅足够轻的小型机器人方可被人力移动。移动大型机器人可能需要使用起重机或类似设备。

从机器人手臂下解救受困人员的方法步骤：

①按下任意紧急停止按钮。

②确保受困人员不会因解救操作进一步受伤。

③移动机器人以解救受困人员；解救受困人员并给予医疗救治。

④确保机器人工作空间已清空，不会出现人员受伤风险。

ABB 机器人制动抱闸按钮操作注意事项如表 2-3 所示。

表 2-3　ABB 机器人制动抱闸按钮操作注意事项

序号	操作	注意
1	内部抱闸释放单元配有可控制每个轴上的抱闸的按钮。根据机器人型号的不同，按钮的数量有所不同。按钮的编号与轴的编号一致	某些小型机器人所有轴都有一个或两个抱闸释放按钮
2	松开抱闸的同时，机器人轴可能移动非常快，且有时无法预料其移动方式	在松开抱闸按钮前，先确保手臂重量不会增加对受困人员的压力，进而增加任何受伤风险
3	按内部抱闸按钮释放面板上的对应按钮不动，即可释放特定机器人轴的抱闸。松开该按钮后，抱闸将恢复工作	松开抱闸按钮前请确定已准备好适合的设备

实施过程 2：认识控制器的接口

查看现场工业机器人控制器的接口名称，查阅资料理解各接口的定义，并将各接口名称及其定义填写在表 2-4 中。

表 2-4　控制器接口的名称及其定义

序号	接口名称	接口定义
1		
2		
3		
4		
5		

关联知识 1：IRC5 紧凑型控制器的操作面板

在工业机器人中，电气控制器是很重要的设备，相当于机器人的大脑，它用于安装各种控制单元，进行数据处理及存储和执行程序。工业机器人控制器的操作面板如图 2-10 所示，操作面板上的开关或按钮的功能如下。

（1）电源开关：旋转此旋钮，可以实现机器人系统的开启和关闭。其中，ON 是开；OFF 是关。

（2）模式开关：旋转此旋钮，可切换机器人手动/自动运行模式。

（3）紧急停止按钮：按下此按钮，可立即停止机器人的动作。此按钮的控制操作优先于机器人任何其他的控制操作。

（4）制动释放按钮：通电时，按下该按钮，可手动旋转机器人任何一个轴运动。

（5）上电/复位按钮：发生故障时，按下该按钮，控制器内部状态进行复位；在自动模式下，按下该按钮，机器人电动机上电，按键灯常亮。

温馨提示：

（1）紧急停止按钮会断开机器人电动机的驱动电源，停止所有运转部件，并切断由机器人系统控制的且存在潜在危险的功能部件的电源。机器人运行时，如果其工作区域内有工作人员，或者机器人伤害了工作人员、损伤了机器设备，需要立即按下紧急停止按钮。

（2）非必要情况下，制动释放按钮不要轻易按压。

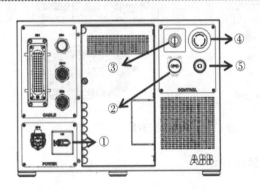

序号	定义
①	电源开关
②	制动释放按钮
③	模式开关
④	紧急停止按钮
⑤	上电/复位按钮

图 2-10　工业机器人控制器的操作面板

关联知识 2：IRC5 紧凑型控制器接口的名称与定义

IRC5 紧凑型控制器的接口名称与定义如图 2-11 所示。

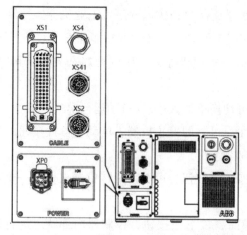

名称	定义
XS4	示教器电缆接口
XS41	外部轴电缆接口
XS2	编码器电缆接口
XS1	电动机动力电缆接口
XP0	电源电缆接口

图 2 - 11　IRC5 紧凑型控制器的接口名称与定义

实施过程 3：工业机器人的硬线连接

查看现场工业机器人机械臂与控制器硬线的连接，然后在图 2 - 12 中完成机械臂、控制器、示教器的硬线连接。

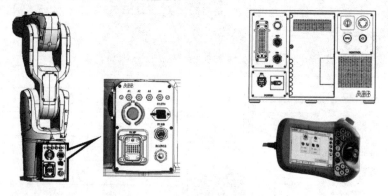

图 2 - 12　工业机器人的硬线连接

关联知识 1：工业机器人的硬线连接

IRB 1200 机器人的硬线连接步骤如表 2 - 5 所示。控制器与机器人的电气连接插口因机器人或控制器型号不同而略有差别。没有连接的接口，属于外部配置接口。

表 2-5 IRB 1200 机器人硬线连接步骤

序号	图片示例	操作步骤
1	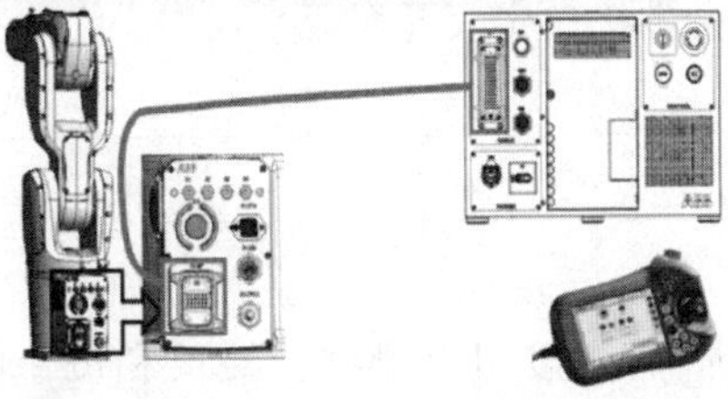	将工业机器人系统的电动机动力电缆一端连接在机械臂 R1. MP 接口上，另一端连接在控制器 XS1 接口上
2	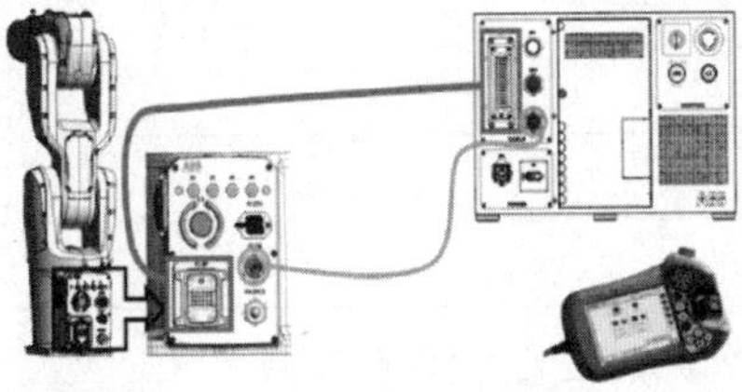	将工业机器人系统的编码器电缆一端连接在机械臂 R1. EIB 接口上，另一端连接在控制器 XS2 接口上
3	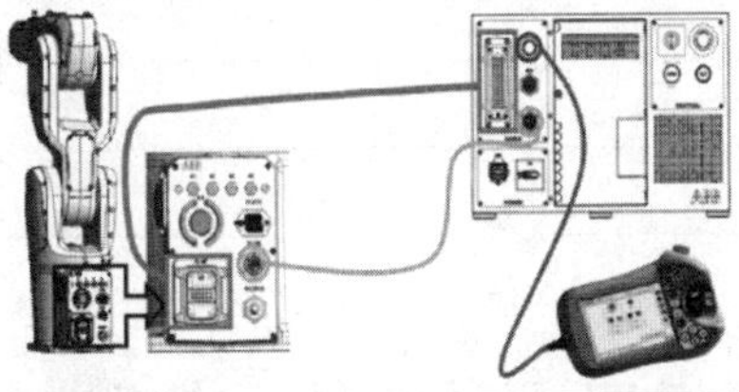	将工业机器人系统的示教器电缆连接在控制器 XS4 接口上
4	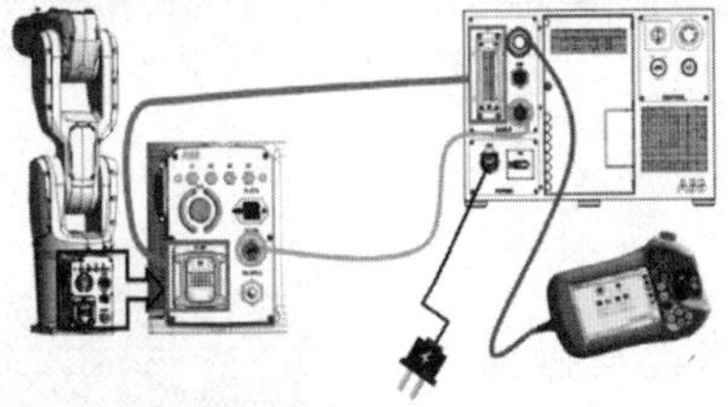	将工业机器人系统的电源电缆连接在控制器 XP0 接口上
5		检查线路连接情况，确保连接正确后，将电源线插头接通电源

关联知识 2：工业机器人硬线连接时的注意事项

为了安全起见，进行硬件连接时我们应注意以下事项。

（1）插头应根据标签插到相对应的接口上，注意插头的正反面，不得随意交替。

（2）插头拔下前先解锁，插入后须闭锁，应轻拿轻放插头，避免插头受损。

（3）所有插头线缆须摆放整齐，避免其受磁场干扰。

（4）所有操作必须在断电状态下，并挂安全锁，排除安全隐患。

任务拓展

1. 工业机器人机械臂的接口有哪些？各接口定义是什么？

   _____

   _____

   _____

2. 工业机器人控制器的接口有哪些？操作按钮有哪些？接口和按钮的作用分
   别是什么？

   _____

   _____

   _____

3. 工业机器人的硬线连接步骤是什么？需要注意哪些事项？

   _____

   _____

   _____

▶ 任务2   认识工业机器人系统的示教器 ◀

任务导入

　　示教器是工业机器人系统日常编程与操作中
必不可少的一个部件。ABB 机器人的示教器为操
作者提供了人机交互界面，操作者可以利用该示
教器轻松地控制 ABB 机器人的动作以及查看系统
相关信息。图 2 - 13 为 ABB 机器人系统的示教器。

图 2 - 13   ABB 机器人系统的
示教器

任务目标

◆ 能够正确地操作工业机器人系统的开关机。

◆ 能够知道示教器正确手持方式以及操作面板各按键的作用。

◆ 能够知道示教器各菜单项的功能作用。

◆ 能够知道示教器语言转换、时间设置以及信息查看的操作方式。

任务实施

学员首先观看介绍工业机器人系统示教器的视频，然后在老师的指导下完成工业机器人系统的开机，并根据教材所学知识完成示教器的语言转换、时间设置以及信息查看等操作，同时了解示教器各按键、菜单栏的功能与作用。通过启发式教学，激发学员的学习兴趣与学习主动性。

❖ 实施步骤1：工业机器人系统的开机

根据所学知识，完成工业机器人系统的开机，并将开机步骤写在表2-6中。

表2-6 工业机器人系统开机步骤

序号	操作内容
1	
2	
3	

关联知识1：ABB机器人系统的开机

工业机器人实践作业的第一步就是开机。以ABB机器人为例，ABB机器人系统通电开机前，需要确认机械臂运动范围内没有人员与障碍物。ABB机器人系统开机主要由控制器中的总电源开关来控制。ABB机器人系统的开机步骤具体如下。

（1）在确认电源线缆与外部电源接通的情况下，将机器人控制器上的总电源旋钮从"OFF"扭转到"ON"（如图2-14所示）。

图2-14 总电源旋钮

（2）等待片刻，观察示教器，当示教器出现图 2 - 15 所示界面时，旋转示教器右上角急停开关。

（3）按下 ABB 机器人系统控制器上的上电/复位按钮，示教器急停报警停止，开机完成（如图 2 - 16 所示）。

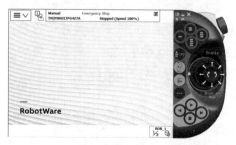
图 2 - 15　ABB 机器人示教器急停页面

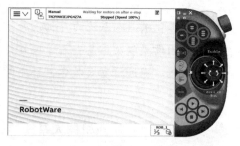
图 2 - 16　ABB 机器人示教器开机页面

温馨提示：

　　学员开机完成后，不允许在没有老师的同意下私自操作示教器。

❖ 实施步骤 2：认识 ABB 机器人示教器的结构

请同学们先观察 ABB 机器人的示教器，观看 ABB 机器人示教器的介绍视频，然后将图 2 - 17 中序号所指向部分的名称与功能填写在表 2 - 7 中。

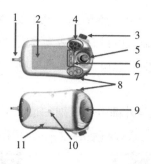
图 2 - 17　ABB 机器人的示教器

表 2 - 7　示教器各部分名称与功能

序号	名称	功能
1		
2		

续表

序号	名称	功能
3		
4		
5		
6		
7		
8		
9		
10		
11		

关联知识 1：ABB 机器人示教器规格

示教器是工业机器人的人－机交互接口，针对工业机器人的所有操作基本都是通过示教器来完成的，如点动机器人，编写、测试和运行机器人程序，设定、查阅机器人状态设置和位置等。示教器可在恶劣的工作环境下持续运作，其触摸屏易于清洁，且防水、防油、防溅锡。表 2 - 8 为 ABB 机器人示教器的规格。

表 2 - 8　ABB 机器人示教器的规格

序号	示教器规格	
1	屏幕尺寸	6.5 inch[①]彩色触摸屏
2	屏幕分辨率	640 × 480 dpi
3	质量	1.0 kg
4	按钮	12 个
5	语言种类	20 种
6	操作杆	支持
7	USB 内存	支持
8	紧急停止按钮	支持
9	是否配备触摸笔	是
10	支持左手与右手使用	支持

注：①inch 为英寸，1 inch = 2.54 cm。

关联知识 2：ABB 机器人示教器结构

机器人生产厂商一般都会配有自己品牌的手持编程器，将其作为用户与机器人之间的对话工具，机器人手持式编程器简称示教器，如图 2 - 18 所示。示教器是机器人控制系统的核心部件，方便操作员控制机器人，操作员可通过它对机器人进行现场编程调试。示教器的结构如图 2 - 19 所示。

图 2 - 18   ABB 机器人示教器实物图

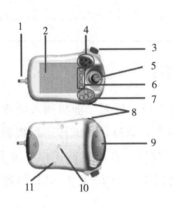

1—示教器线缆；

2—触摸屏；

3—紧急停止按钮；

4—可编程按键；

5—手动操纵杆；

6—机器人手动运行的快捷按钮；

7—程序调试控制按钮；

8—数据备份用 USB 接口；

9—使能器按钮；

10—示教器复位按钮；

11—触摸屏用笔。

图 2 - 19   示教器的结构

示教器各结构的功能如下。

（1）示教器线缆：与机器人控制器连接，从而实现示教器对机器人动作的控制。

（2）触摸屏：示教器的操作界面显示屏。

（3）机器人手动运行的快捷按钮：机器人手动运行时，运动模式的快速切换按钮。

（4）紧急停止按钮：此按钮功能与控制器的紧急停止按钮的功能相同。

（5）可编程按键：该按键功能可根据需要自行配置，常被配置为数字量信号切换的快捷键，不配置功能的情况下该按键无功能，这时按键按下没有任何效果。

（6）手动操纵杆：在机器人手动运行模式下，拨动操纵杆可操纵机器人运动。

（7）程序调试控制按钮：可控制程序调试的单步和连续、程序调试的开始和停止。

（8）数据备份用 USB 接口：用于外接 U 盘等存储设备，传输机器人备份数据。

（9）使能器按钮：机器人手动运行时，按下使能器按钮，并保持电动机上电开启的状态，可对机器人进行手动操纵与程序调试。

（10）示教器复位按钮：使用此按钮可以解决示教器死机或是示教器本身硬件引起的其他异常情况。

（11）触摸屏用笔：操作触摸屏的工具。

温馨提示：

（1）当数据备份用 USB 接口没有连接 USB 存储设备时，需要盖上保护盖。如果接口暴露到灰尘中，机器人可能会发生运行中断或故障。

（2）触摸屏可以用触摸笔或手指指尖进行操作，其他尖锐的工具不能操作触摸屏，否则会使触摸屏损坏。

ABB 示教器正面实体按键的说明图如图 2-20 所示。

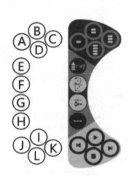

按键	功能
A ~ D	预设按钮，切换信号状态
E	切换机械单元
F	切换动作模式至线性或重定位
G	切换动作模式至单轴运动
H	切换增量模式（有/无）
I	启动程序持续运行
J	启动程序步退运行
K	启动程序步进运行
L	停止程序运行

图 2-20　ABB 示教器实体按键的说明图

❖ 实施步骤 3：ABB 机器人示教器的环境配置及信息查看

实施过程 1：示教器的语言设置

示教器出厂时默认的显示语言是英语，为了方便操作，需要把显示语言设置为常用的语种。现请学员结合前文对示教器的结构及操作界面的认识，按照表 2-9 中操作步骤完成 ABB 机器人示教器中文的设定，并说说 ABB 机器人示教器一共支持多少种语言。

表2-9　ABB机器人示教器语言设定的操作步骤

序号	操作步骤	图片说明
1	在手动运行模式下，点击示教器主界面左上角"主菜单"选项，如右图所示	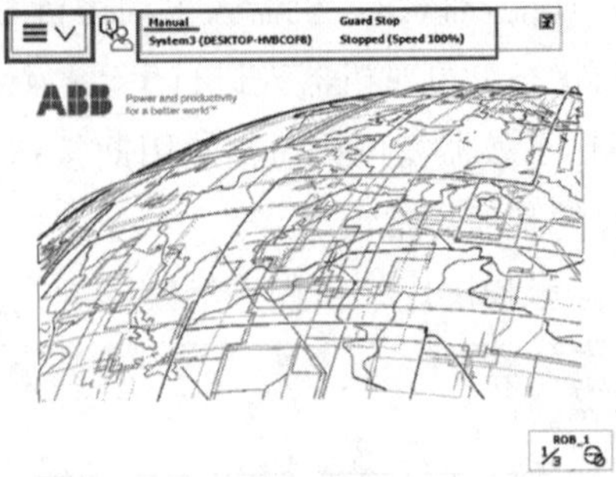
2	在主菜单界面，点击"Control Panel"选项	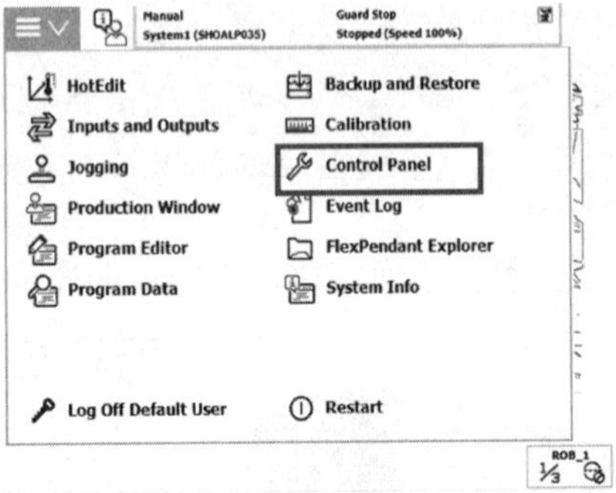
3	在"Control Panel"界面单击"Language"	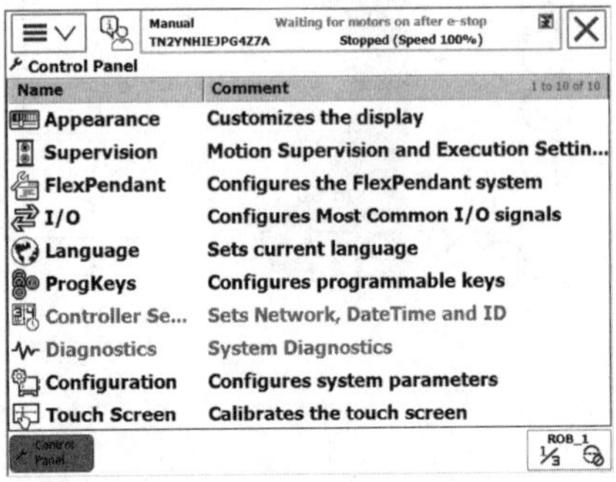
4	在示教器弹出的图示界面中，选择"Chinese"，然后单击右下角的"OK"	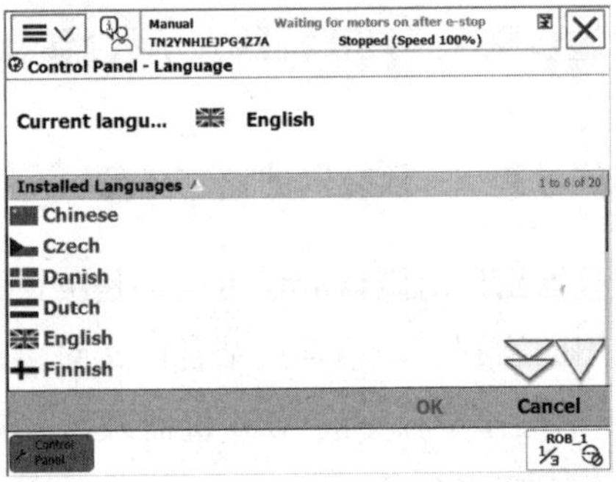

续表

序号	操作步骤	图片说明
5	在弹出的图示提示框中，单击"Yes"	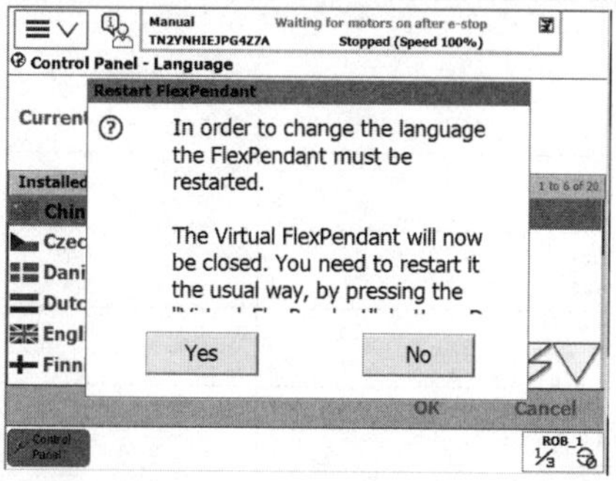
6	示教器重新启动后，单击示教器界面左上角的"主菜单"选项，主菜单界面（如右图所示）显示为中文	

温馨提示：

（1）禁止随意按压示教器上的任一按钮。

（2）轻拿轻放示教器，操作完成后应将其放回指定位置。

（3）使用示教器进行参数设置和基础操作时，都需在手动运行模式下，否则会出现"无法操作"提示。

实施过程2：示教器菜单项功能认识

请学员在老师的指导下查看ABB机器人示教器的菜单栏，查阅资料后说说菜单栏每个选项的功能，最后将选项名称及对应功能填写在表2-10中。

表2-10　示教器菜单栏各选项名称及功能

序号	名称	功能说明
1		
2		

续表

序号	名称	功能说明
3		
4		
5		
6		
7		
8		
9		
10		
11		
12		
13		
14		

关联知识 1：ABB 机器人示教器触摸屏界面的组成

如图 2-21 所示，ABB 机器人示教器触摸屏界面的组成为："主菜单"选项；任务栏；状态栏；显示界面；快捷栏。

关联知识 2：ABB 机器人示教器菜单栏介绍

图 2-22 为 ABB 工业机器人示教器点击"主菜单"选项后的菜单栏界面。

图 2-21　示教器触摸屏界面的组成　　图 2-22　ABB 机器人示教器的菜单栏界面

菜单栏的各选项名称及功能说明如下。

（1）HotEdit：程序模块下，补偿设置轨迹点位置。

（2）输入输出：设置及查看 I/O 视图。

（3）手动操纵：可进行动作模式设置、坐标系选择、操作杆选定及载荷属性更改。

（4）自动生产窗口：在自动模式下，可直接调试程序并运行。

（5）程序编辑器：可建立程序模块及例行程序。

（6）程序数据：选择编程时所需要的程序数据。

（7）备份与恢复：可备份和恢复系统。

（8）校准：可为转数计数器与电动机的准确度校准。

（9）控制面板：进行示教器的相关设定。

（10）事件日志：查看系统出现的各种提示信息。

（11）资源管理器：查看当前系统的系统文件。

（12）系统信息：查看控制器及当前系统的相关信息。

（13）注销：用于退出当前用户权限。

（14）重新启动：用于重新启动系统。

实施过程 3：ABB 机器人系统的时间设置

各小组查看当前日期和时间，并将示教器系统的日期和时间按照表 2-11 的操作步骤改为当前的日期和时间。

表 2-11　示教器日期和时间的设置方法

序号	操作步骤	图片说明
1	单击示教器左上角的"主菜单"选项	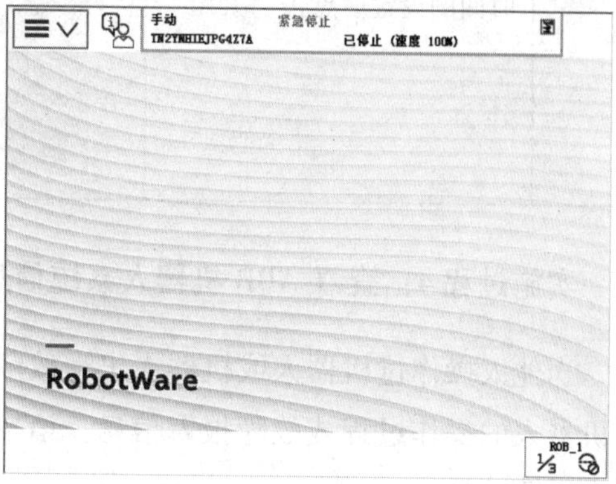

续表

序号	操作步骤	图片说明
2	在菜单栏选择"控制面板"选项	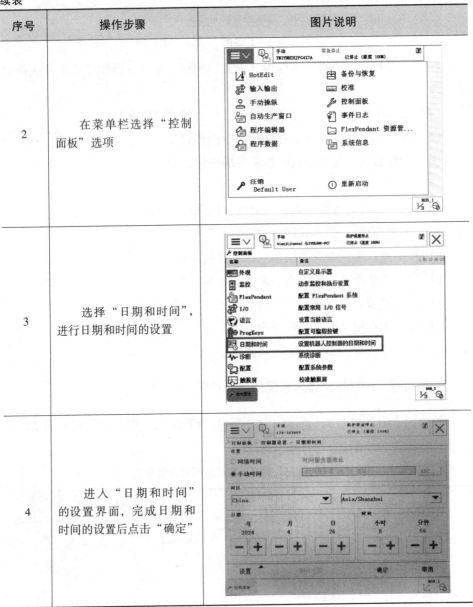
3	选择"日期和时间"，进行日期和时间的设置	
4	进入"日期和时间"的设置界面，完成日期和时间的设置后点击"确定"	

实施过程4：查看 ABB 机器人系统信息

当他人操作过机器人或机器人出现故障报警时，可以通过示教器查看他人对机器人的操作过程或故障报警信息。请按照表 2-12 的操作步骤查看 ABB 机器人系统信息。

表 2 - 12　查看 ABB 机器人系统信息的操作步骤

序号	操作步骤	图片说明
1	单击示教器界面上方的"状态栏"	
2	单击"状态栏"进入到"事件日志"列表界面。该界面会显示出机器人运行的事件记录，包括时间、日期等，为分析相关事件和问题提供准确的信息	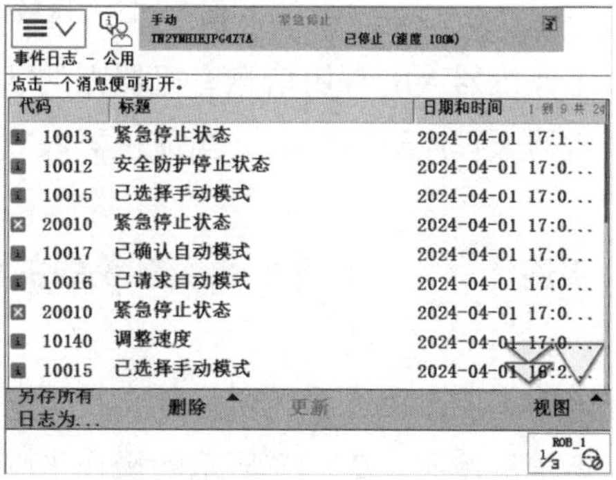
3	点击某个事件日志，即可查看对应消息的详细信息	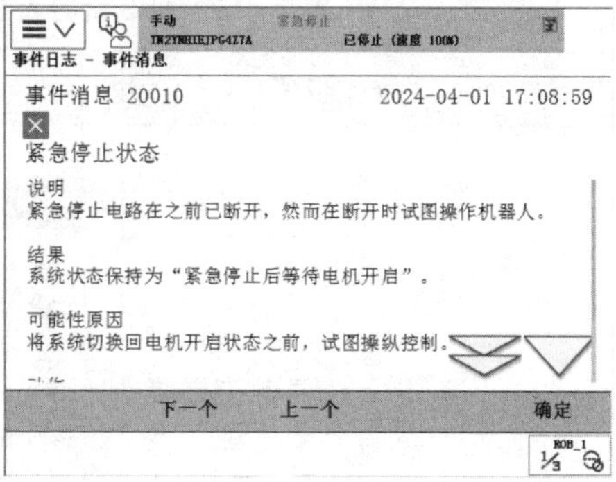

关联知识：查看工业机器人的常用信息

通过点击示教器触摸屏界面的"状态栏"，查看工业机器人的常用信息。通过这些信息，就可以了解到工业机器人当前所处的状态及存在的一些问题。以 ABB 机器人为例，其示教器触摸屏界面的"状态栏"如图 2 - 23 所示。

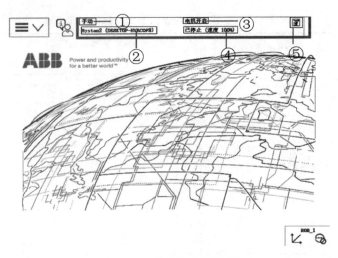

图 2-23　示教器"状态栏"

工业机器人的常用信息有机器人的状态、机器人系统信息、机器人电机状态、机器人程序运行状态、当前机器人或外轴的使用状态。

❖ 实施步骤4：工业机器人系统的关机操作

关闭工业机器人系统时，如直接切断系统总电源，可能会造成系统数据丢失。请学员按照表 2-13 所示的操作步骤完成 ABB 机器人系统的关机操作。

表 2-13　ABB 机器人系统的关机操作步骤

序号	操作步骤	图片说明
1	单击示教器触摸屏界面左上角的"主菜单"选项，然后单击"重新启动"	

续表

序号	操作步骤	图片说明
2	在弹出（右图所示）的界面中，单击左下角的"高级…"	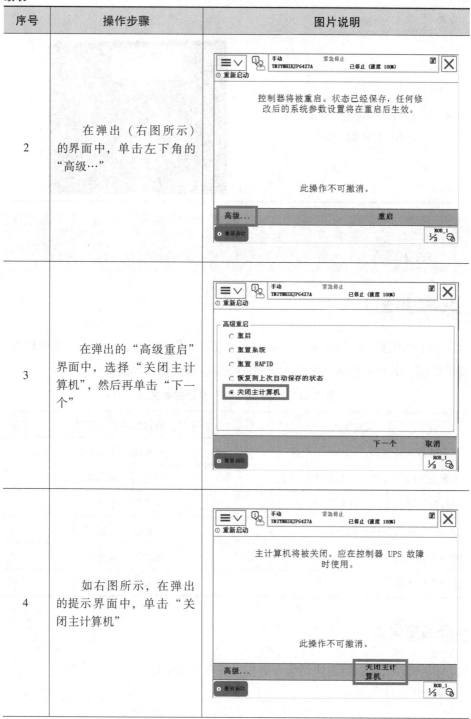
3	在弹出的"高级重启"界面中，选择"关闭主计算机"，然后再单击"下一个"	
4	如右图所示，在弹出的提示界面中，单击"关闭主计算机"	

续表

序号	操作步骤	图片说明
5	在示教器屏幕变成白色时，将总电源开关从"ON"扭转到"OFF"	

温馨提示：

　　工业机器人末端如装有快换工具时，须在关机前先将末端工具取下。

"6S"检查

　　各小组在实训课程结束后，根据实训室"6S"管理条例，检查各项设备，清理整顿。老师根据各小组的实际完成情况进行评价，见表2-14。

表2-14　实训点"6S"整理完成情况

完成情况	结合完成情况打钩
工业机器人调整到"HOME"点位	完成□　未完成□
正确关闭机器人及电气控制系统开关	完成□　未完成□
示教器放好，线缆捆扎整齐	完成□　未完成□
清洁相关设备并将其归位	完成□　未完成□
清洁实训工位	完成□　未完成□
整理实训工单	完成□　未完成□

任务拓展

1. ABB机器人示教器组成结构有哪些？各有什么作用？

_____

_____

2. ABB 机器人示教器菜单栏的选项有哪些？各有什么作用？

_____

_____

▶ 任务 3　手动操纵 ABB 机器人 ◀

任务导入

　　将工业机器人安装完成后，需要通过手动操纵机器人的方式来检测工业机器人各功能是否正常。学员应学会通过示教器手动操纵 ABB 机器人进行单轴、线性、重定位运动，在学会手动操纵的基础上完成 ABB 机器人零点校准工作。

任务目标

- ◆ 能够正确拿握 ABB 机器人示教器。
- ◆ 知道 ABB 机器人示教器使能器按钮的功能。
- ◆ 能够手动操纵 ABB 机器人实现单轴运动。
- ◆ 能够手动操纵 ABB 机器人实现线性运动。
- ◆ 能够手动操纵 ABB 机器人实现重定位运动。
- ◆ 能够快速切换 ABB 机器人的运动模式。
- ◆ 能够完成 ABB 机器人的零点校准。

任务实施

任务实施指引

　　在老师的指导下，学员观看 ABB 机器人手动操纵微课，然后结合教材中的知识点，通过示教器手动操作 ABB 机器人进行单轴、线性、重定位运动，并完成 ABB 机器人零点校准工作。通过启发式教学，激发学员的学习兴趣与学习主动性。

❖ **实施步骤 1：手动操纵 ABB 机器人进行单轴运动**

请学员按照表 2 - 15 所示的操作步骤完成 ABB 机器人的单轴运动操作，并观察 ABB 机器人是否可以到达基座周围的任意地方，以及其各轴是否可以 360°旋转。

表 2 - 15　ABB 机器人单轴运动的操作步骤

序号	操作步骤	图片说明
1	将 ABB 机器人控制器上的"机器人状态钥匙"切换到中间的手动限速状态	
2	单击示教器左上角"主菜单"选项，然后选择"手动操纵"	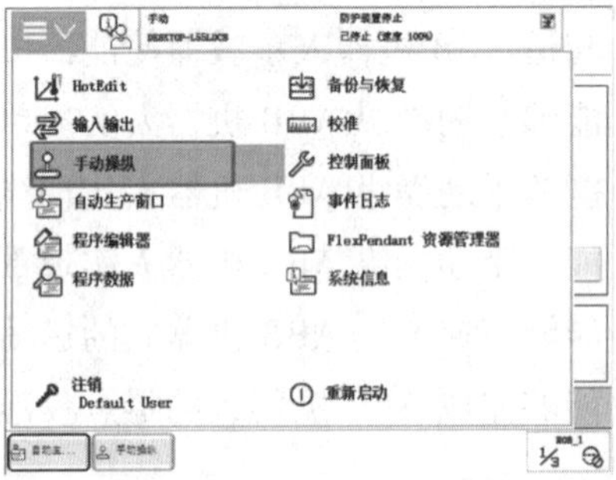
3	在"手动操纵"的属性界面，单击"动作模式"	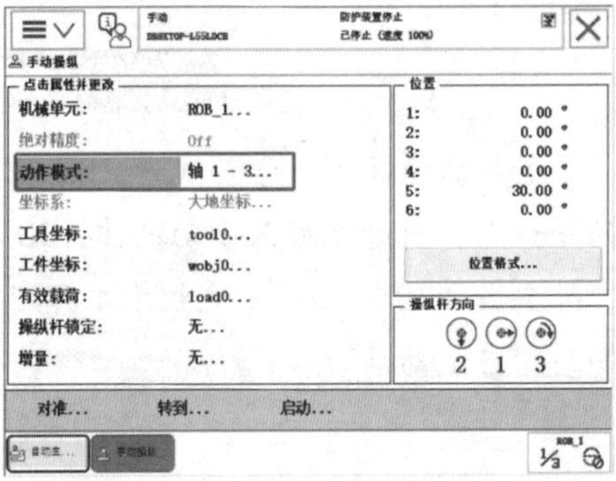

续表

序号	操作步骤	图片说明
4	动作模式有 4 种,其中"轴 1 - 3"和"轴 4 - 6"均为单轴运动,分别操控轴 1、轴 2、轴 3 和轴 4、轴 5、轴 6 的运动,选择"轴 1 - 3"或"轴 4 - 6",然后点击"确定"	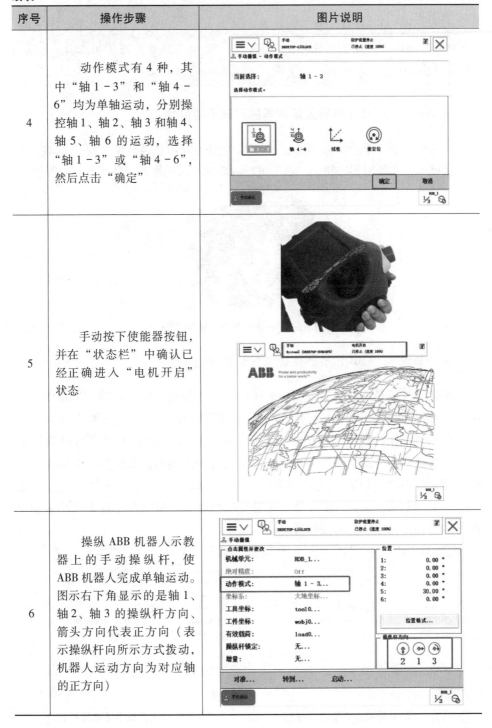
5	手动按下使能器按钮,并在"状态栏"中确认已经正确进入"电机开启"状态	
6	操纵 ABB 机器人示教器上的手动操纵杆,使 ABB 机器人完成单轴运动。图示右下角显示的是轴 1、轴 2、轴 3 的操纵杆方向、箭头方向代表正方向(表示操纵杆向所示方式拨动,机器人运动方向为对应轴的正方向)	

温馨提示：

　　操纵杆的操作幅度与机器人的运动速度相关，幅度越大，速度越快。手动操纵时操纵杆幅度不宜过大，以免机器人运动速度过快与周围人员、设备发生碰撞。

关联知识 1：ABB 机器人示教器的正确手持姿势

　　一般情况下，手持示教器的正确方法为左手握示教器，四指穿过示教器绑带、松弛地按在使能器按钮上，右手进行屏幕和按钮的操作，如图 2 - 24 所示。

图 2 - 24　手持示教器的正确姿势

关联知识 2：ABB 示教器使能器按钮的使用

　　使能器按钮是工业机器人为保证操作人员人身安全而设置的。当发生危险时，人会本能地将使能器按钮松开或抓紧，因此使能器按钮设置为二挡。

　　轻松按下使能器按钮时为第一挡位，此时机器人将处于"电机开启"状态，示教器界面显示如图 2 - 25 所示；用力按下使能器按钮时为第二挡位，此时机器人处于"防护装置停止"状态，示教器界面显示如图 2 - 26 所示，机器人会马上停下来，保证人员安全。正常使用机器人时只需在正确手持示教器的前提下，轻松按下使能器按钮即可。

图 2 - 25　轻松按下使能器按钮　　　　图 2 - 26　用力按下使能器按钮

关联知识 3：ABB 机器人单轴运动

一个关节轴的运动就称为单轴运动。工业机器人每一个轴都可以单独运动，在一些特别的场合使用单轴运动来操纵工业机器人会比较方便和快捷。例如，在进行转数计数器更新时，可以利用单轴运动。工业机器人出现机械限位和软件限位，超出移动范围而停止时，可以利用单轴运动将工业机器人移动到合适的位置。相比其他的手动操纵模式，使用单轴运动进行粗略的定位和比较大幅度的移动会更方便快捷。

关联知识 4：ABB 机器人单轴运动"轴 1 - 3"与"轴 4 - 6"的快捷切换

单轴运动"轴 1 - 3"与"轴 4 - 6"的快捷切换方法有两种。

在示教器主界面侧边的手动运行快捷按钮中找到进行单轴运动切换的快捷按钮，点击手动运行快捷键，"轴 1 - 3"即可切换为"轴 4 - 6"，如图 2 - 27 所示，再次点击手动运行快捷键，"轴 4 - 6"则切换到"轴 1 - 3"。

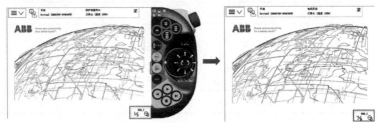

图 2 - 27　单轴运动"轴 1 - 3"与"轴 4 - 6"的快捷切换（一）

"轴 1 - 3"与"轴 4 - 6"动作模式之间的切换，除了使用上述的快捷按钮之外，还可以在手动操纵的"显示详情"中进行选择，完成"轴 1 - 3"与"轴 4 - 6"动作模式之间的切换，如图 2 - 28 所示。

图 2 - 28　单轴运动"轴 1 - 3"与"轴 4 - 6"的快捷切换（二）

关联知识 5：工业机器人本体的规格参数

一般可以在厂家的产品手册中查询到工业机器人的基本规格，包括机构形态、自由度、最大可搬运质量、重复定位精度、运动范围等。如表 2 - 16 所示为 IRB 1200 机器人本体的规格参数。

表 2 - 16   IRB 1200 机器人本体的规格参数

IRB 1200 机器人基本规格参数			
轴数	6	防护等级	IP67
有效载荷	7 kg	安装方式	地面安装/墙壁安装/悬挂
到达最大距离	0.703 m	机器人底座规格	210 mm×210 mm
机器人重量	52 kg	重复定位精度	0.02 mm
工作范围及最大速度			
轴序号	工作范围		最大速度
1	+165°～-165°		250 °/s
2	+110°～-110°		250 °/s
3	+70°～-90°		250 °/s
4	+160°～-160°		360 °/s
5	+120°～-120°		360 °/s
6	+400°～-400°		420 °/s

在表 2 - 16 中，我们通过 IRB 1200 机器人的有效性可知 IRB 1200 机器人属于低负载机器人，它可到达的最大距离为 0.703 mm。工作范围是机器人运动时手臂末端或手腕中心所能到达的所有位置数据的集合，也称为机器人的工作区域。因为末端操作器的形状和尺寸是多种多样的，为了真实地反映机器人的特征参数，一般工作范围是指不安装末端操作器时的工作区域。

工作范围的形状和大小是十分重要的，机器人在执行某作业时可能会因为手部不能到达手腕盲区而不能完成任务，因此在选择机器人执行任务时，一定要合理选择符合当前作业范围的机器人。如图2 - 29 是 IRB 1200 机器人的工作范围。

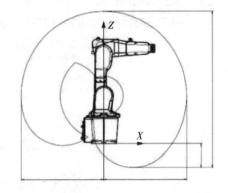

图 2 - 29   IRB 1200 机器人的工作范围

❖ 实施步骤 2：手动操纵 ABB 机器人进行线性运动

实施过程 1：线性运动

学员结合教材所学知识和表 2 - 17 的操作步骤完成 ABB 机器人线性运动的操作，并观察机器人是单轴运动还是多轴联动？机器人第六轴法兰盘走的路径是否是直线？机器人在运动范围内有无线性移动的状态？

表 2 - 17　手动操纵 ABB 机器人进行线性运动

序号	操作步骤	图片说明
1	将机器人控制器上的"机器人状态钥匙"切换到中间的手动限速状态	
2	单击示教器左上角"主菜单"选项进入菜单栏，选择"手动操纵"	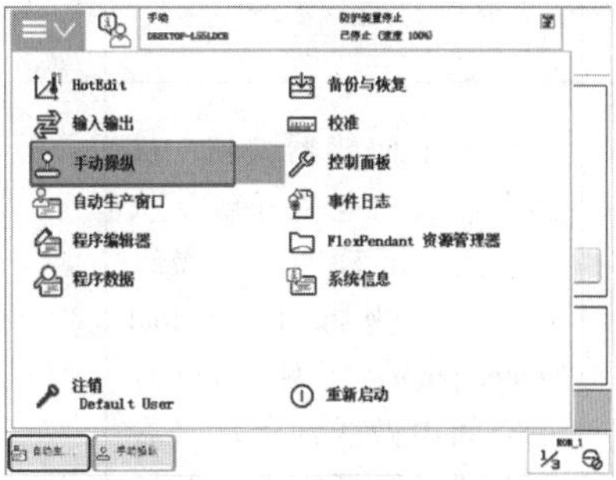
3	在"手动操纵"的属性界面，单击"动作模式"	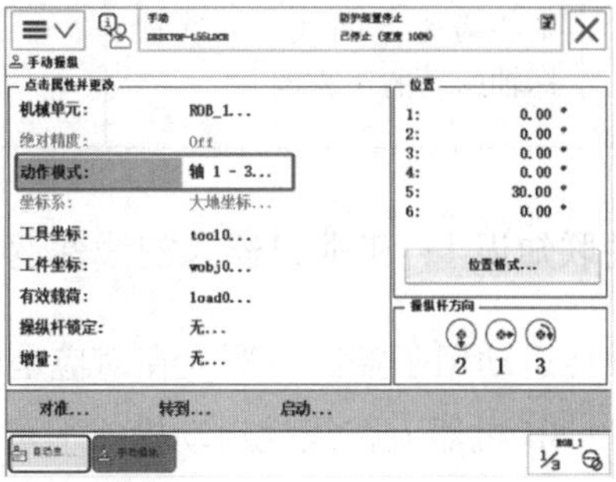

续表

序号	操作步骤	图片说明
4	在"动作模式"界面中选择"线性",然后单击"确定"	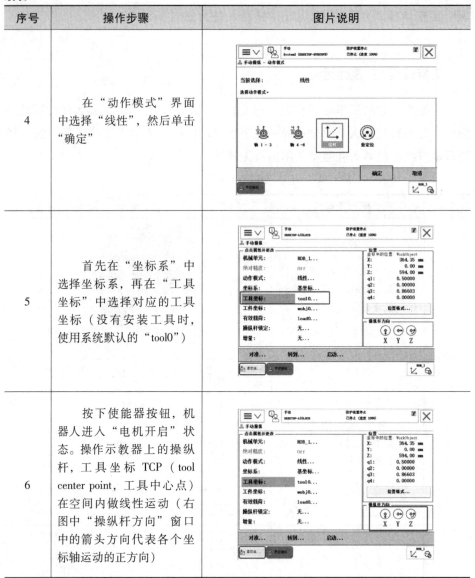
5	首先在"坐标系"中选择坐标系,再在"工具坐标"中选择对应的工具坐标(没有安装工具时,使用系统默认的"tool0")	
6	按下使能器按钮,机器人进入"电机开启"状态。操作示教器上的操纵杆,工具坐标 TCP(tool center point,工具中心点)在空间内做线性运动(右图中"操纵杆方向"窗口中的箭头方向代表各个坐标轴运动的正方向)	

关联知识1:工业机器人的线性运动

线性运动用于控制机器人在对应坐标系空间中进行直线运动,便于操作者定位。ABB 机器人在线性运动模式下可以参考的坐标系有大地坐标系、基坐标系、工具坐标系和工件坐标系4种,本节以"基坐标系"为例进行操作。

ABB 机器人基坐标系的原点位于底座的中心轴与地面的交点处,当 ABB

机器人水平安装各轴角度均为0°时，朝向第六轴中心线的方向即为 X 轴正方向，竖直向上为 Z 轴正方向，使用右手定则即可确定机器人的 Y 轴正方向，如图 2-30 所示。

图 2-30　工业机器人基坐标系方向

关联知识 2：奇点

类似于 IRB 1200 机器人构型的工业六轴机器人因机械结构设计特点存在奇点。奇点是指当机器人第五轴关节接近 0°时，第四轴与第六轴处于同一直线上，如图 2-31 所示。

此时机器人自由度将发生退化，将会造成某些关节的角速度趋于无穷大，从而导致失控。因此，机器人在靠近奇点时将会发出报警，报警界面如图 2-32 所示。

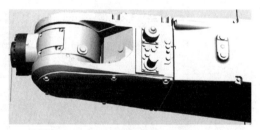

图 2-31　机器人处于奇点

图 2-32　ABB 机器人处于奇点时的报警界面

实施过程 2：设置操纵杆的速率

学员结合教材所学知识和表 2-18 的操作步骤来重新设置操纵杆的速率，

设置完成后运行机器人，并观察机器人运行速度的变化。

表2-18　调节默认模式下操纵杆的速率

序号	操作步骤	图片说明
1	单击示教器触摸屏界面右下角的"手动运行快捷设置菜单"选项	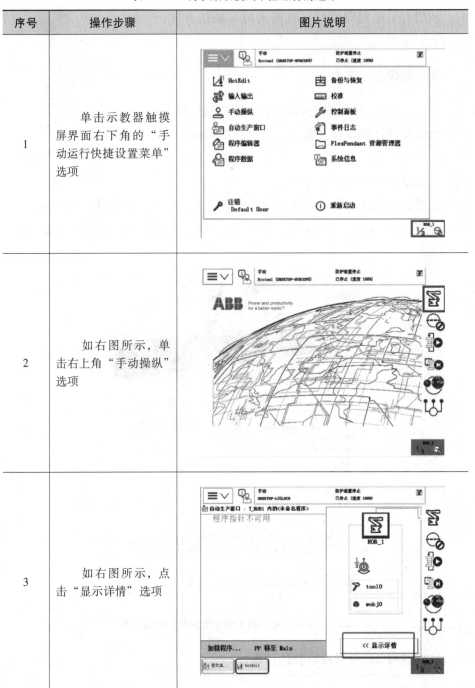
2	如右图所示，单击右上角"手动操纵"选项	
3	如右图所示，点击"显示详情"选项	

续表

序号	操作步骤	图片说明
4	如右图所示，在"显示详情"展开界面中，左下角位置框内显示操纵杆速率	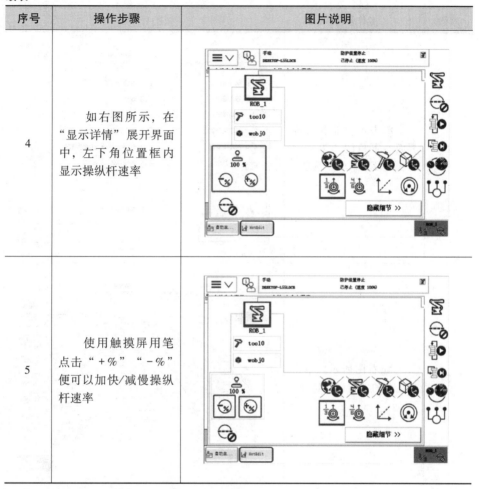
5	使用触摸屏用笔点击"+%""-%"便可以加快/减慢操纵杆速率	

实施过程3：设置机器人的增量模式

学员结合教材所学知识和表2-19的操作步骤来设定机器人的增量模式，设置完成后运行机器人，并观察机器人运行的形式。

当增量模式关闭时，机器人运行速度与手动操纵杆的幅度成正比。选择增量的大小后，运行速度是稳定的，可通过调整增量大小来控制机器人的步进速度。

表 2-19　调节机器人的增量模式

序号	操作步骤	图片说明
1	单击示教器触摸屏界面右下角的"手动运行快捷设置菜单"选项	
2	如右图所示。单击右上角的"增量"选项	
3	进入"增量"展开界面后，点击"显示值"	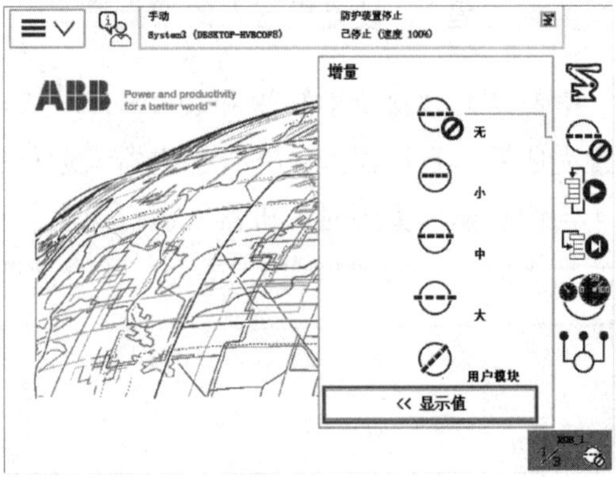

续表

序号	操作步骤	图片说明
4	在"显示值"展开界面可以看到增量的数值大小和单位	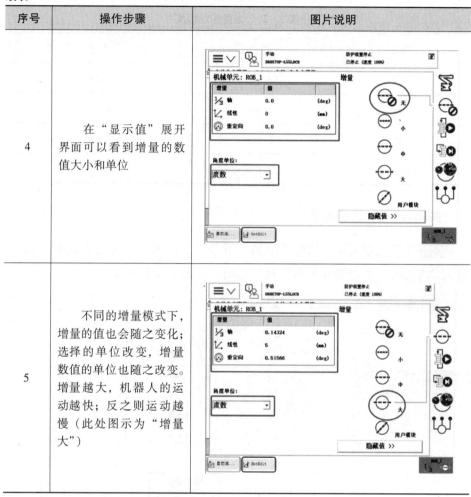
5	不同的增量模式下，增量的值也会随之变化；选择的单位改变，增量数值的单位也随之改变。增量越大，机器人的运动越快；反之则运动越慢（此处图示为"增量大"）	

关联知识1：增量模式

机器人在手动运行模式下移动时有两种运动模式：默认模式和增量模式。

在默认模式下，手动操纵杆的拨动幅度越小，则机器人的运动速度越慢；拨动幅度越大，则机器人的运动速度越快。默认模式下的机器人的最大运行速度的高低可以在示教器上进行调节。为避免机器人发生碰撞，操作员在操作操纵杆时，应尽量以小幅度操作操纵杆，使机器人慢慢运动，以确保安全。

在增量模式下，操纵杆每偏转一次，机器人移动一个增量；如果操纵杆偏转持续一秒或数秒，机器人将持续移动且速率为每秒10个增量。增量模式可用于对机器人位置进行微幅调整和精确定位。增量移动幅度（如表2-20所示）可在小、中、大之间选择，也可以自定义增量运动幅度。

表 2-20　增量移动幅度

增量	距离	角度
小	0.05 mm	0.006°
中	1 mm	0.023°
大	5 mm	0.143°
用户模式	自定义	自定义

关联知识 2：快捷菜单

点击工业机器人示教器触摸屏的右下角"手动运行快捷设置菜单"选项，进入"手动运行快捷设置菜单"展开界面，如图 2-33 所示。

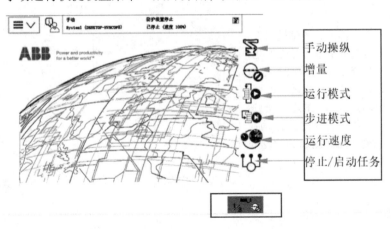

图 2-33　"手动运行快捷设置菜单"展开界面

"手动操纵"选项：单击"手动操纵"选项后，可以对坐标系（详见项目四）、增量大小、操纵杆速率以及运动方式进行修改/设置。

"增量"选项：单击"增量"选项后可选择增量的大小，设定自定义增量的数值以及控制增量的开/关。

"运行模式"选项：单击"运行模式"选项后设置例行程序的运行方式，程序的运行方式有单周运行和连续运行两种，如图 2-34 所示。

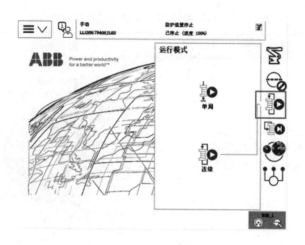

图 2-34　单周/连续运行

"步进模式"选项：设置例行程序以及指令的执行方式，指令的执行方式分别为步进入、步进出、跳过和下一步行动，如图 2-35 所示。

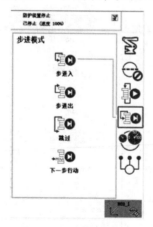

图 2-35　步进模式

"运行速度"选项：可设置机器人的运行速度。

"停止/启动任务"选项：多机器人协作处理任务时，选择要停止或启动的任务。

❖ **实施步骤 3：手动操纵 ABB 机器人进行重定位运动**

学员结合教材所学知识和表 2-21 的操作步骤完成 ABB 机器人重定位运动操作，同时注意观察 ABB 机器人工具中心点或法兰盘中心点的位置状态。

表 2-21 手动操纵 ABB 机器人进行重定位运动

序号	操作步骤	图片说明
1	将机器人控制器上的"机器人状态钥匙"切换到中间的手动限速状态。	
2	单击示教器触摸屏左上角"主菜单"选项进入"菜单栏"界面,选择"手动操纵"	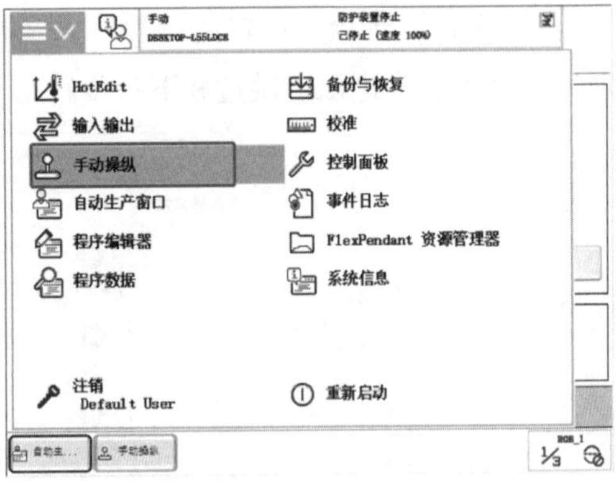
3	在"手动操纵"的属性界面,单击"动作模式"	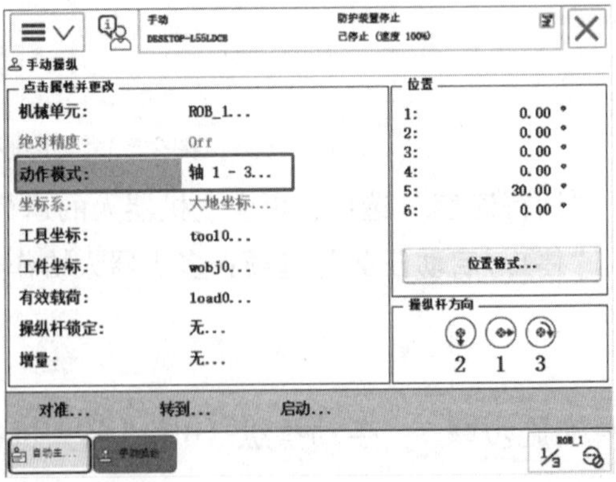

续表

序号	操作步骤	图片说明
4	如右图所示，在"动作模式"展开界面选择"重定位"，然后单击"确定"	
5	首先在"坐标系"中选择所需坐标系，再在"工具坐标"中指定对应的工具坐标，如右图所示	
6	如果机器人末端安装工具，需选中对应的工具；没有安装工具时，使用系统默认的"tool 0"，最后单击"确定"	

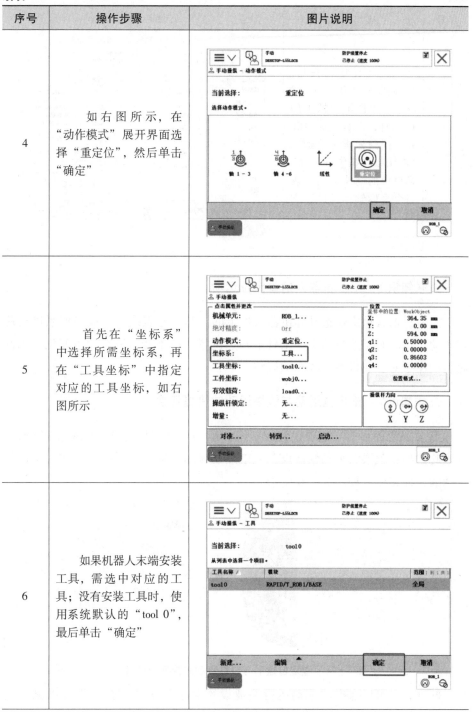

续表

序号	操作步骤	图片说明
7	按下使能器按钮，机器进入"电机开启"状态，操作示教器上的操纵杆，工具坐标 TCP 在空间内做重定位运动（右图中"操纵杆方向"窗口中的箭头方向代表各个坐标轴运动的正方向）	☰ ∨ 手动 DESKTOP-L55LDCK　防护装置停止 已停止（速度 100%）　✕ 手动摇纵 点击属性并更改 机械单元：　RDB_1... 绝对精度：　Off 动作模式：　重定位... 坐标系：　工具... 工具坐标：　tool0... 工件坐标：　wobj0... 有效载荷：　load0... 操纵杆锁定：　无... 增量：　无... 位置 坐标中的位置　WorkObject X：　364.35 mm Y：　0.00 mm Z：　594.00 mm q1：　0.50000 q2：　0.00000 q3：　0.86603 q4：　0.00000 位置格式... 操纵杆方向 X Y Z 对准...　转到...　启动... 手动摇纵　RDB_1

关联知识 1：工业机器人的重定位运动

　　工业机器人重定位运动即机器人选定的工具中心点绕着对应坐标系进行旋转运动，运动时工业机器人的工具中心点位置保持不变，姿态发生变化，因此此运动用于对工业机器人姿态的调整。

关联知识 2：重定位运动与线性运动的快捷切换

　　点击"设置菜单"选项找到控制线性运动与重定位运动的快捷切换按钮，按下此选项，观察右下角快捷设置菜单按钮显示，即完成了线性运动与重定位运动的快捷切换，如图 2-36 所示。

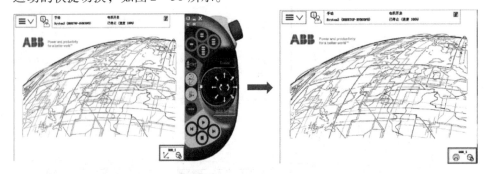

图 2-36　重定位运动与线性运动的快捷切换（一）

　　此外，也可以点击"手动运行快捷设置菜单"选项，在"手动操纵"的"显示详情"选择相应运动模式选项点击，即可完成线性运动与重定位运动的快捷切换。如图 2 - 37 所示。

图 2 - 37 重定位运动与线性运动的快捷切换（二）

❖ **实施步骤 4：ABB 机器人转数计数器的更新**

学员结合教材所学知识和表 2 - 22 的操作步骤完成 IRB 1200 机器人转数计数器的更新操作，并思考是依次更新 1 轴、2 轴、3 轴、4 轴、5 轴、6 轴好，还是依次更新 4 轴、5 轴、6 轴、1 轴、2 轴、3 轴好？为什么？

在手动操纵模式下，操作机器人关节轴进行单轴运动，逐一让机器人各关节轴回到各轴的机械零点刻度位置。在此过程中要注意机器人运行速度，避免机器人与外围设备发生碰撞。

表 2 - 22 ABB 机器人转数计数器更新步骤

序号	操作步骤	图片说明
1	选择"主菜单"选项，单击"校准"	HotEdit 备份与恢复 输入输出 校准 手动操纵 控制面板 自动生产窗口 事件日志 程序编辑器 FlexPendant 资源管理器 程序数据 系统信息 注销 Default User 重新启动

续表

序号	操作步骤	图片说明
2	如右图所示，单击"ROB_ 1"，进行校准	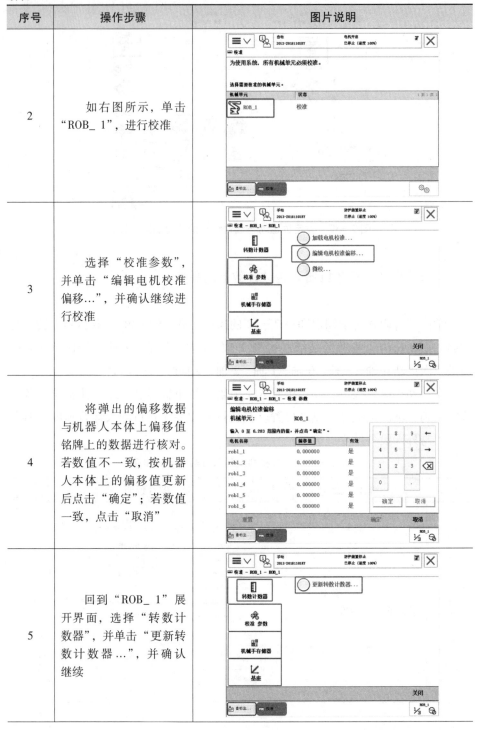
3	选择"校准参数"，并单击"编辑电机校准偏移…"，并确认继续进行校准	
4	将弹出的偏移数据与机器人本体上偏移值铭牌上的数据进行核对。若数值不一致，按机器人本体上的偏移值更新后点击"确定"；若数值一致，点击"取消"	
5	回到"ROB_ 1"展开界面，选择"转数计数器"，并单击"更新转数计数器…"，并确认继续	

续表

序号	操作步骤	图片说明
6	如右图所示，单击"全选""更新"，并确认更新	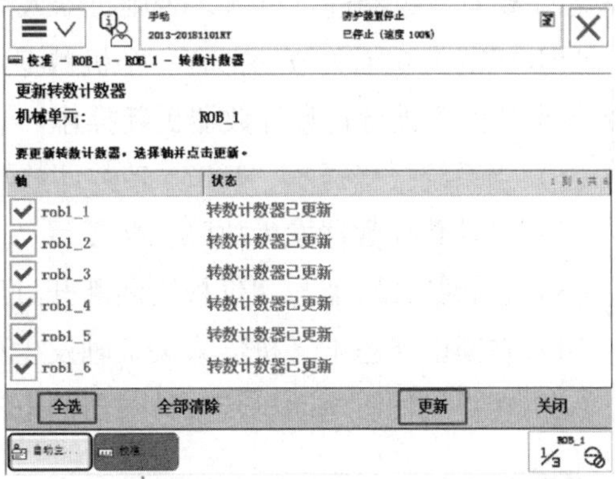
7	如右图所示，完成更新后，6 个关节轴全部显示"转数计数器已更新"	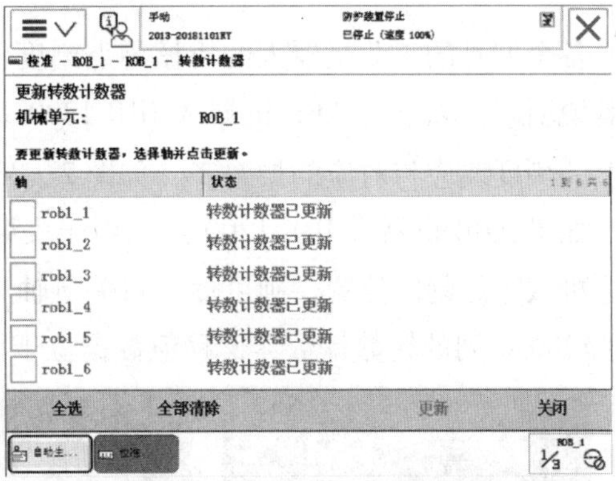

温馨提示：

　　进行转数计数器更新时为了便于观察零点刻度位置，应当按4轴、5轴、6轴到1轴、2轴、3轴的顺序来操作。

关联知识1：ABB 机器人的零点校准

　　每一台 ABB 机器人在出厂的时候都预先设定好了各关节轴的机械零点，机器人各轴的编码器也记录了零点位置。机器人零点位置是机器人关节坐标系的基准，也称为机械零位。机器人在运输过程中可能会造成轴零点丢失，在使用过程中的操作不当或者在对机器人进行更换电动机后，也可能会造成轴零点丢失。当零位不正确时，机器人的功能将受到限制，比如：机器人无法编程运行，无法进行笛卡尔坐标下的手动运行，无法关闭软件限位开关等。

　　机器人的转数计数器使用独立的电池进行供电，它被用来记录各个轴的数据。如果示教器提示电池没电，或者机器人在断电情况下手臂位置移动了，这时候就需要对计数器进行更新，否则机器人运行位置是不准的。

　　ABB 机器人 6 个关节轴都有一个机械零点位置。在以下情况下，需要对其机械零点的位置进行转数计数器更新操作。

　　（1）当系统报警提示"10036 转数计数器更新"时。

　　（2）当转数计数器发生故障，修复后。

　　（3）在转数计数器与测量板之间断开过后。

　　（4）在断电状态下，机器人关节轴发生移动后。

　　（5）在更换伺服电动机转数计数器的电池之后。

关联知识 2：ABB 机器人的机械零点刻度位置

　　各个型号的工业机器人的机械零点刻度位置不同，可参考工业机器人随机光盘说明书。以下是 ABB 机器人 IRB 1200 系列的机械零点刻度位置，各关节轴上的刻度线应与对应的槽对齐，如图 2－38 所示。

　　如果 ABB 机器人 IRB 1200 系列由于安装位置的关系，其 6 个轴无法同时到达机械零点刻度位置，则可逐一对关节轴进行转数计数器更新。ABB 机器人 IRB 1200 系列的转数计数器偏移值数据位于机械臂基座上。

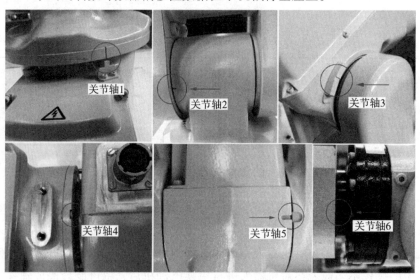

图 2－38　ABB 机器人 ARB 1200 系列的机械零点刻度位置

"6S" 检查

　　各小组在实训课程结束后，根据实训室"6S"管理条例，检查各项设备，清理整顿。老师根据各小组的实际完成情况进行评价。

表 2-23　实训室"6S"整理完成情况

完成情况	结合完成情况打钩
工业机器人调整到"HOME"点位	完成□　未完成□
正确关闭机器人及电气控制系统开关	完成□　未完成□
示教器放好，线缆捆扎整齐	完成□　未完成□
清洁相关设备并将其归位	完成□　未完成□
清洁实训工位	完成□　未完成□
整理实训工单	完成□　未完成□

任务拓展

1. 简述 ABB 机器人在单轴运动、线性运动、重定位运动等运动模式下机械臂的运行特点。

　　_____

　　_____

2. 线性运动与重定位运动的快捷切换方式有几种？分别是什么？

　　_____

　　_____

3. 请列举 ABB 机器人需要进行转数计数器更新的 5 种情况。

　　① _____

　　② _____

　　③ _____

　　④ _____

　　⑤ _____

项目三
工业机器人基础编
程与操作实践

 项目描述

本项目以图 3 - 1 中 ABB 机器人多功能操作台中轨迹模块为学习载体，把 ABB 机器人工作坐标系创建、程序创建、基础指令使用等融入项目实施当中，让学员在做中学，学中做，在学做一体的过程中掌握工业机器人基础编程与操作实践。

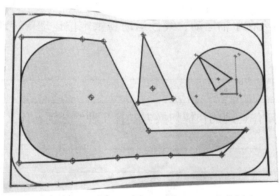

图 3 - 1　轨迹模块

 知识目标

◆ 能够知道工业机器人坐标系的建立与使用方法。

◆ 能够知道 MoveAbsJ 指令（绝对位置运动指令）、MoveJ 指令（关节运动指令）、MoveL 指令（线性运动指令）、MoveC 指令（圆弧运动指令）的使用方法。

◆ 能够知道 FOR 指令的使用方法。

◆ 能够知道 ProcCall 指令（例行程序调用指令）的使用方法。

能力目标

◆ 能够使用示教器建立工具坐标系和工件坐标系。

◆ 能够使用 MoveAbsJ、MoveJ、MoveL、MoveC 指令编写简单轨迹程序。

◆ 能够使用 FOR 指令编写工业机器人作业循环程序。

◆ 能够使用 ProcCall 指令调用子程序编写程序。

◆ 能够创建工业机器人主程序，并可以完成机器人自动运行操作。

素质目标

◆ 学员具备"7S"现场管理意识。

◆ 学员具备团队协作与沟通的能力。

◆ 学员具备分析和解决问题的能力。

▶ 任务 1　工业机器人坐标系的建立 ◀

任务导入

　　如图 3-2 与图 3-3 所示，坐标系是从一个被称为原点的固定点通过轴定义的平面或空间。工业机器人的目标和位置通过沿坐标系轴的测量来定位。工业机器人使用若干坐标系，每一坐标系都适用于特定类型的微动控制或编程。图 3-4 所示为轨迹笔。

图 3-2　平面坐标系　　　　图 3-3　空间坐标系　　　　图 3-4　轨迹笔

任务目标

◆ 知道工业机器人运动坐标系的分类以及各坐标系的定义。

◆ 能够完成 ABB 机器人工具坐标系的设定。

◆ 能够完成 ABB 机器人工件坐标系的设定。

◆ 知道 ABB 机器人工具坐标系、工件坐标系的验证方法。

任务实施

任务实施指引

学员首先观看工业机器人坐标系相关微课，然后在老师的指导下选用不同的坐标系手动操纵机械臂移动，同时观察不同坐标系下机械臂移动的差异。最终让学员在老师的讲解与实践操作下掌握工业机器人坐标系的使用与设定方法。通过启发式教学，激发学员的学习兴趣与学习主动性。

❖ 实施步骤1：认识工业机器人的坐标系

各小组通过示教器查看工业机器人的坐标系种类，并将各种坐标系的名称填写在表3-1中。

表3-1   工业机器人的坐标系

序号	坐标系名称
1	
2	
3	
4	

关联知识1：工业机器人的坐标系种类

如图3-5，在工业机器人系统中存在大地坐标系、基坐标系、工具坐标系、工件坐标系等类型的坐标系。它们分别适用于特定类型的移动和控制。

大地坐标   基坐标   工具坐标   工件坐标

图3-5   工业机器人坐标系的类型

大地坐标系：可定义机器人单元，所有其他的坐标系均与大地坐标系直接或间接相关。它适用于微动控制、一般移动，以及处理具有若干机器人或外轴移动机器人的工作站和工作单元。如图 3-6 所示。

基坐标系：基坐标系也称直角坐标系，是工业机器人其他坐标系的参照基础，是工业机器人示教与编程时经常使用的坐标系。基坐标系是工业机器人的固有属性，在其设计之初已经确定。基坐标系的原点一般定义在机器人安装面与第一转动轴的交点处，其 X 轴向前，Z 轴向上，Y 轴按右手规则确定。在默认情况下，大地坐标系与基坐标系是重合的，如图 3-6 所示。

工具坐标系：工具坐标系是机器人末端执行器所处的坐标系，它定义了机器人末端执行器的位置和姿态，如图 3-6 所示。机器人通过工具坐标系来计算和控制末端执行器的位置。使用工具坐标系是把工具作为坐标系的零点，机器人的运动轨迹参照工具中心点。例如机器人在进行焊接操作时，焊枪顶点就为工具坐标系的零点；而机器人在用吸盘搬运工件时，工具坐标系的零点就是吸盘表面。

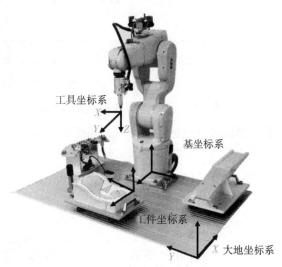

图 3-6　工业机器人的坐标系

工件坐标系：又称用户坐标系，是以基坐标系为参考，在工件上建立的坐标系。它被用在机器人工作时，记录工件上各个点的位置。如图 3-6 所示。工件坐标系的优点是当机器人运行轨迹相同、工件位置不同时，只需更新工件坐标系即可，无须重新编程。

通常，操作人员在建立项目时，至少需要建立两个坐标系，即工具坐标系和工件坐标系，以方便操作人员调试并记录工具及工件信息。

关联知识 2：工业机器人坐标系的切换方式

工业机器人坐标系切换仅在"线性运动"和"重定位运动"模式下有效。工业机器人坐标系的切换方式有两种，具体如下。

（1）依次单击"主菜单""手动操纵"选项，在"手动操纵"属性界面下"坐标系"的选择界面进行坐标系的切换，如图3-7所示。

图3-7　坐标系切换方式（一）

（2）单击"手动运行快捷设置菜单"选项，在"机械单元"下的"坐标系"界面进行坐标系的切换，如图3-8所示。

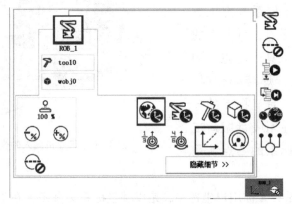

图3-8　坐标系切换方式（二）

❖ 实施步骤2：建立工业机器人的工具坐标系

实施过程1：新建工具坐标系

请学员针对工具质量为1 kg，中心偏移为 *XYZ*（0，0，30），结合教材所学知识和表3-2的操作步骤新建工具坐标系。

表3-2 新建工具坐标系的操作步骤

序号	操作步骤	图片说明
1	单击示教器触摸屏的"主菜单"选项,选择"手动操纵",进入"手动操纵"属性界面	
2	在"手动操纵"属性界面选择"工具坐标",进入工具坐标选择界面	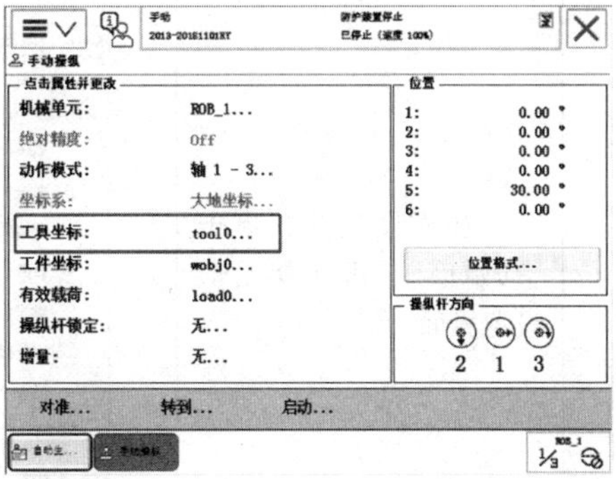
3	如右图所示,单击"新建…",进入新建工具数据界面	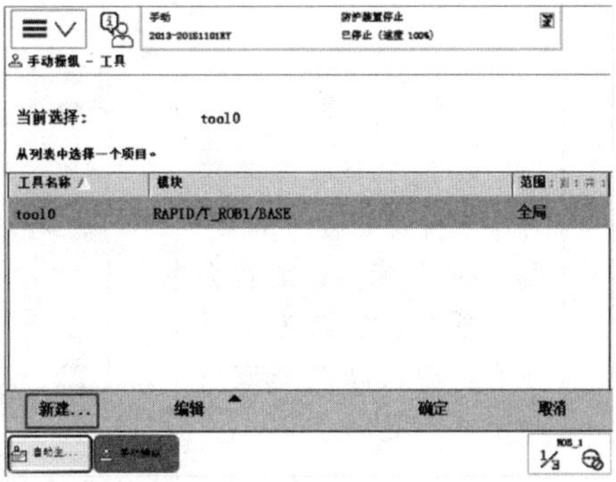

续表

序号	操作步骤	图片说明
4	如右图所示，单击 …… ，修改工具名称	
5	如右图所示，单击"初始值"，进入初始值设置界面	
6	根据工具实际质量与中心位置修改"mass"与"cog"参数，前者为工具质量，后者为工具中心。参数修改完成后单击"确定"	

续表

序号	操作步骤	图片说明
7	如右图所示，单击"确定"，完成工具坐标系数据建立	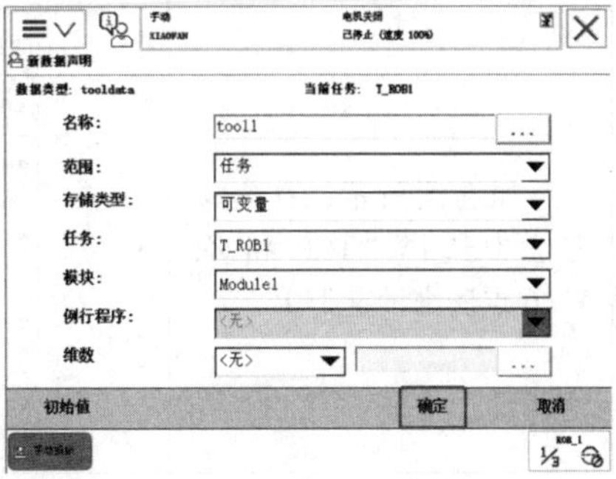

关联知识：工具坐标系初始值设置界面各设定项的功能

工具坐标系初始值设置界面各设定项的功能如下。

（1）名称：新建工具名称。

（2）范围：新建工具使用范围。

（3）储存类型：工具储存类型。

（4）任务：工具使用在哪个任务中。

（5）模块：工具存放模块名称。

（6）例行程序：工具使用在哪个例行程序中。

（7）维数：工具坐标系使用几维。

实施过程2：定义工具坐标系

学员结合教材所学知识和表3-3的操作步骤定义新建的工具坐标系。

表3-3　用TCP和Z，X法定义工业机器人工具坐标系的操作步骤

序号	操作步骤	图片说明
1	如右图所示，选中刚新建的"tool1"，点击"编辑"，选择"定义"	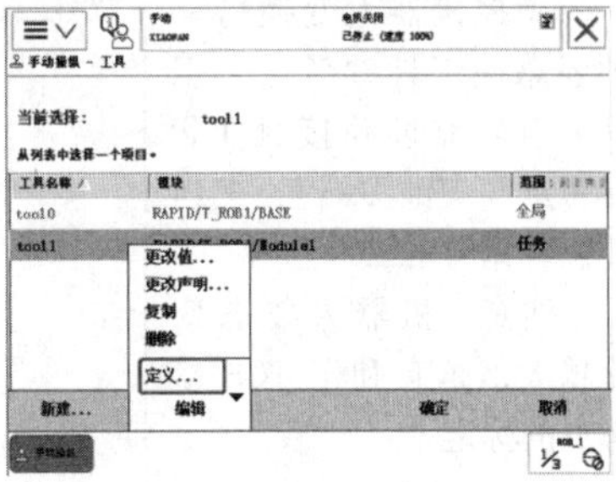

续表

序号	操作步骤	图片说明
2	如右图所示，在定义方法中选择"TCP 和 Z，X"6 点法来设定 TCP	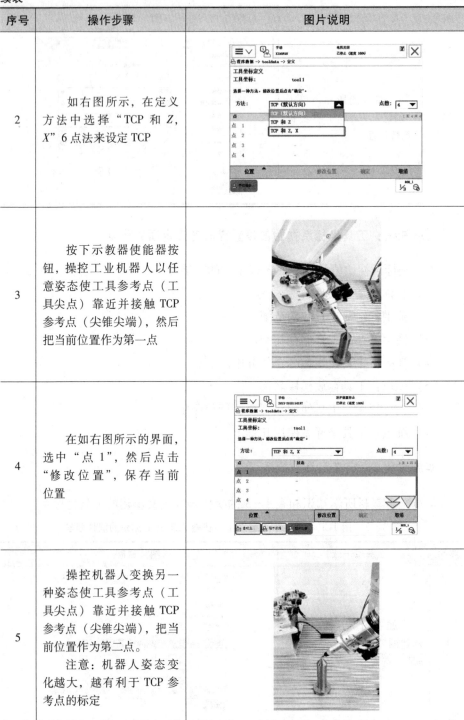
3	按下示教器使能器按钮，操控工业机器人以任意姿态使工具参考点（工具尖点）靠近并接触 TCP 参考点（尖锥尖端），然后把当前位置作为第一点	
4	在如右图所示的界面，选中"点 1"，然后点击"修改位置"，保存当前位置	
5	操控机器人变换另一种姿态使工具参考点（工具尖点）靠近并接触 TCP 参考点（尖锥尖端），把当前位置作为第二点。 注意：机器人姿态变化越大，越有利于 TCP 参考点的标定	

续表

序号	操作步骤	图片说明
6	在如右图所示的界面，选中"点 2"，然后单击"修改位置"，保存当前位置	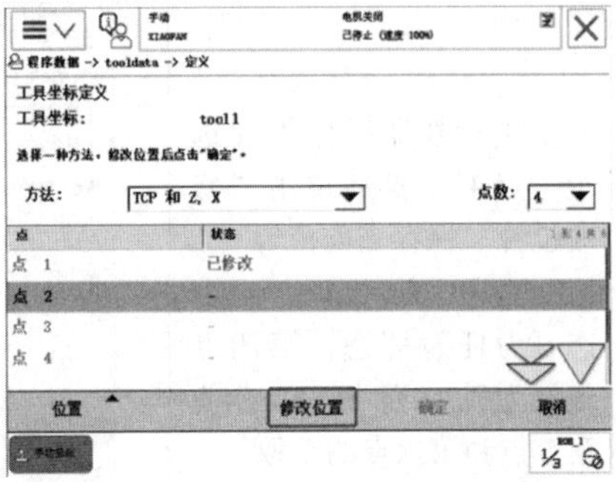
7	操控机器人再变换一种姿态使工具参考点（工具尖点）靠近并接触 TCP 参考点（尖锥尖端），把当前位置作为第三点。示教器上的操作同前，选中"点 3"，然后单击"修改位置"，保存当前位置	
8	操控机器人使工具参考点接触上并垂直于固定参考点，把当前位置作为第四点	

续表

序号	操作步骤	图片说明
9	在示教器操作界面选中"点4",然后单击"修改位置"保存当前位置。 　　注意:前三个点的姿态可为任意姿态,第四点最好为垂直姿态,以方便第五点和第六点的获取	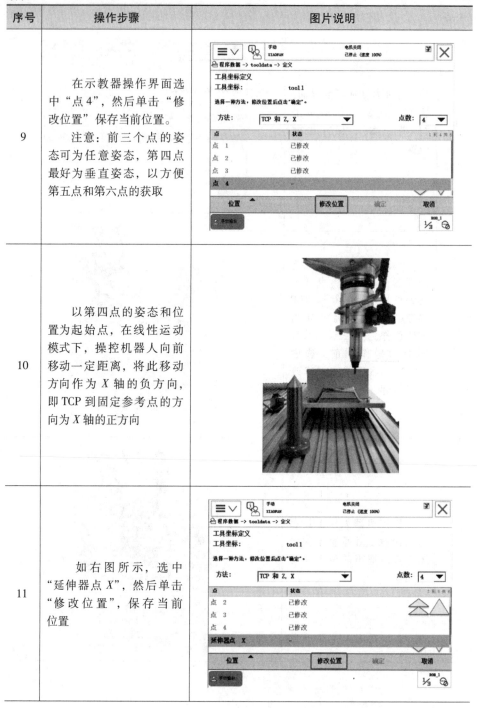
10	以第四点的姿态和位置为起始点,在线性运动模式下,操控机器人向前移动一定距离,将此移动方向作为 X 轴的负方向,即 TCP 到固定参考点的方向为 X 轴的正方向	
11	如右图所示,选中"延伸器点 X",然后单击"修改位置",保存当前位置	

续表

序号	操作步骤	图片说明
12	以第四点为固定点，在线性运动模式下，操控机器人向上移动一定距离，将此移动方向作为 Z 轴负方向，即 TCP 到固定参考点的方向为 Z 轴的正方向	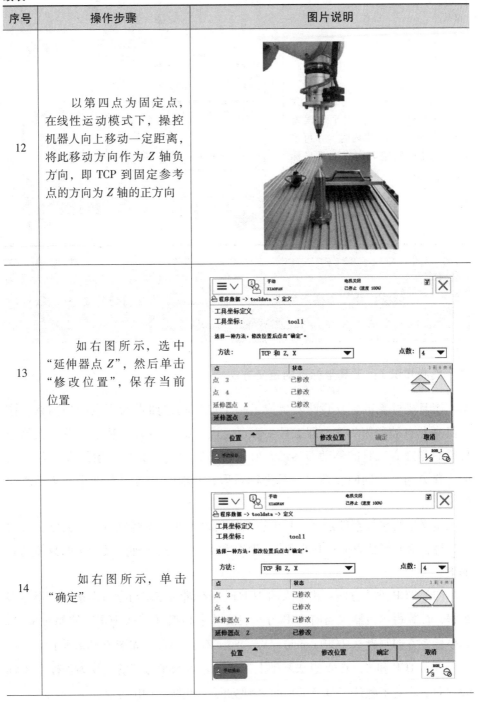
13	如右图所示，选中"延伸器点 Z"，然后单击"修改位置"，保存当前位置	
14	如右图所示，单击"确定"	

续表

序号	操作步骤	图片说明
15	机器人自动计算 TCP 的标定误差,当平均误差在 0.5 mm 以内时,才可单击"确定"完成工具坐标系定义	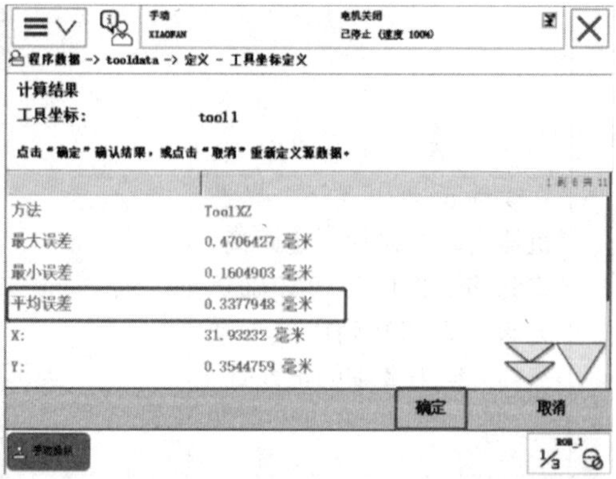

温馨提示:

(1) 在操作时,确保所有人在工业机器人的工作范围外的安全位置。

(2) 工业机器人的手动速度不得超过50%。

关联知识1:工具坐标系的定义方法

　　工具坐标系的建立意味着生成了一个以工具参照点为原点的坐标系。该工具参照点被称为TCP,即工具中心点,该坐标系即为工具坐标系。工具坐标系总是随着工具的移动而移动,所以我们通常将工具坐标系的 X 轴与工具的工作方向设为同向。建立工具坐标系后, X 轴的方向随着机器人的姿态而改变。

　　定义工具坐标系即定义工具坐标系的TCP及坐标系各轴方向,其定义方法有3种:TCP默认方向;TCP和 Z;TCP和 Z, X。这3种定义方法的具体内容如下。

　　(1) TCP默认方向:机器人的TCP通过不同的姿态与参考点接触,得出多组解,计算得出机器人当前TCP与安装法兰中心点(默认TCP)的相对位置,其坐标系方向与默认TCP(tool0, X_0, Y_0, Z_0)一致。如图3-9a所示。

　　(2) TCP和 Z:在 N 点法基础上,增加 Z 点与参考点的连线为坐标系 Z 轴的方向,改变了默认工具坐标系的 Z 轴方向。如图3-9b所示。

　　(3) TCP和 Z, X:在 N 点法基础上,增加 X 点与参考点的连线为坐标系

X 轴的方向，Z 点与参考点的连线为坐标系 Z 轴的方向，改变了默认工具坐标系的 X 轴和 Z 轴方向，如图 3-9c 所示。

a. TCP 默认方向　　　　b. TCP 和 Z　　　　c. TCP 和 Z，X

图 3-9　定义工具坐标系的 3 种方法

关联知识 2：工具坐标系建立原理

首先在机器人工作范围内找一个非常精确的固定点作为参考点，然后在工具上确定一个参考点（最好是工具的中心点）。用手动操纵机器人的方法，移动工具上的参考点，以 4 种（或 4 种以上）不同的机器人姿态尽可能与固定点刚好碰上。机器人通过这 4 个（或 4 个以上）位置数据的位置数据计算求得 TCP 的数据，然后 TCP 的数据就保存在 tooldata 这个程序数据中，被程序进行调用。

在取点校准时，前 3 个点的姿态相差尽量大些，这样有利于 TCP 精度的提高。4 点法、5 点法和 6 点法是根据用户的需求而选择的，当我们需要获取更准确的 TCP 时，我们会采用 6 点法进行操作，其中第四点时工具参考点垂直于固定参考点，第五点时工具参考点从固定参考点向将要设定为 TCP 的 X 轴方向移动，第六点时工具参考点从固定参考点向要设定为 TCP 的 Z 轴方向移动。

实施过程 3：验证工具坐标系

请学员结合教材所学知识和表 3-4 的操作步骤验证新建工具坐标系的精准度，验证结束后操纵机器人观察机器人 TCP 的位置变化情况。

表 3-4　验证工具坐标系的操作步骤

序号	操作步骤	图片说明
1	如右图所示，在"手动操纵"界面，单击"动作模式"，进入下一步	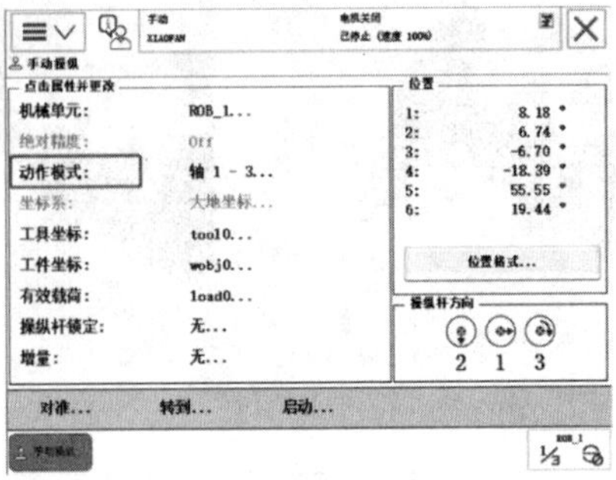
2	在"动作模式"展开界面中选择"重定位"，然后单击"确定"	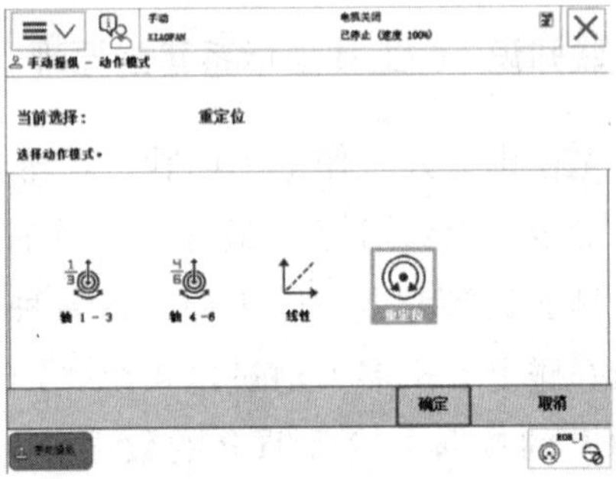
3	如右图所示，单击"坐标系"，进入坐标系选择窗口，在坐标系选项中单击"工具"，然后单击"确定"	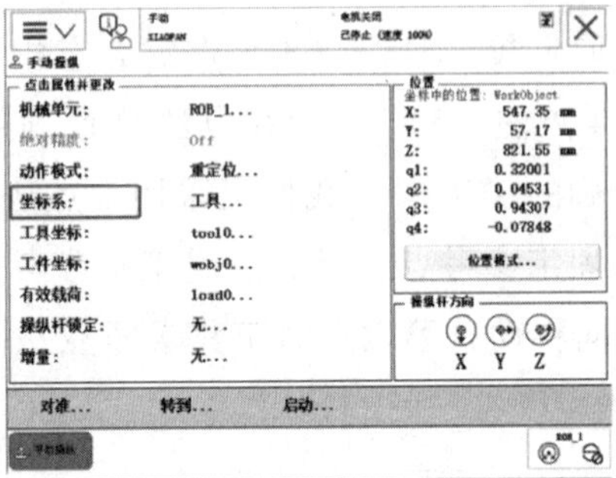 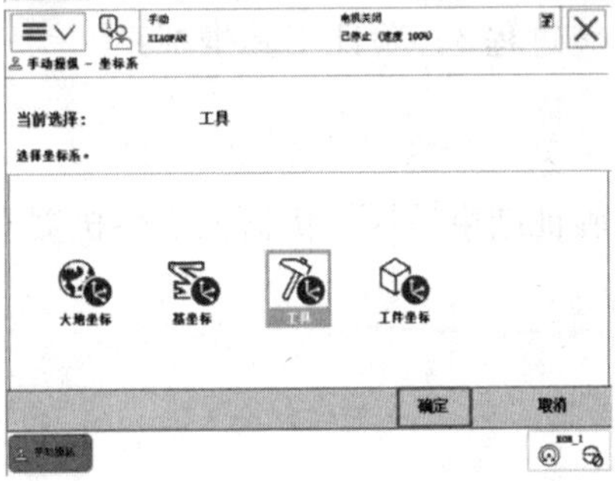

续表

序号	操作步骤	图片说明
4	按下使能器按钮，用手拨动机器人手动操纵杆，检测机器人是否围绕新标定的 TCP 运动。如果机器人围绕 TCP 运动，则 TCP 标定成功；如果机器人没有围绕 TCP 运动，则需要重新进行标定	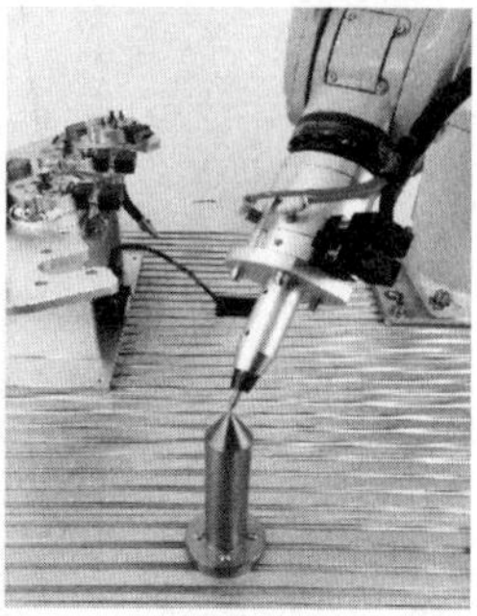

温馨提示：

　　验证工具坐标系时，如果发现工具末端与固定点之间存在偏移，则建立的工具坐标系不适用，需要重建。

❖ 实施步骤3：建立工业机器人的工件坐标系

实施过程1：新建工件坐标系

学员结合教材所学知识和表 3-5 的操作步骤新建工件坐标系。

表 3-5　新建工件坐标系的操作步骤

序号	操作步骤	图片说明
1	如右图所示，单击"手动操纵"菜单，进入"手动操纵"展开界面	

续表

序号	操作步骤	图片说明
2	如右图所示，单击"工件坐标"选项，进入工件选择界面	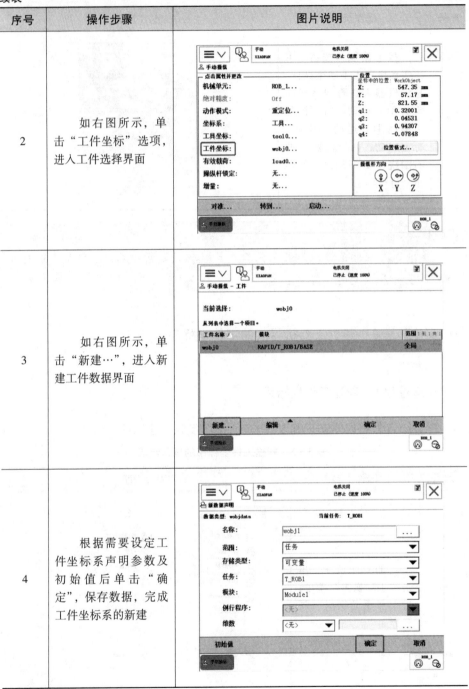
3	如右图所示，单击"新建…"，进入新建工件数据界面	
4	根据需要设定工件坐标系声明参数及初始值后单击"确定"，保存数据，完成工件坐标系的新建	

关联知识 1：工件坐标系的概念

工件坐标系用于定义工件相对于大地坐标系或者其他坐标系的位置。它具有两个作用：一是方便用户以工件平面方向为参考的手动操纵调试；二是当工件位置更改后，通过重新定义该坐标系，机器人即可正常作业，不需要对机器人程序进行修改。工件坐标系示意图如图 3 - 10 所示。

图 3 - 10　工件坐标系示意图

实施过程 2：定义工件坐标系

学员结合教材所学知识和表 3 - 6 的操作步骤定义新建的工件坐标系。

表 3 - 6　定义工业机器人工件坐标系的操作步骤

序号	操作步骤	图片说明
1	如右图所示，单击菜单中的"定义"选项	当前选择：wobj1 从列表中选择一个项目。 工件名称 / 模块 范围 1：到 1 共 1 wobj0　RAPID/T_ROB1/BASE　全局 wobj1　RAPID/T_ROB1/Module1　任务 更改值… 更改声明… 复制 删除 定义… 新建…　编辑　确定　取消

续表

序号	操作步骤	图片说明
2	如右图所示，在"用户方法"选项中选择"3点"	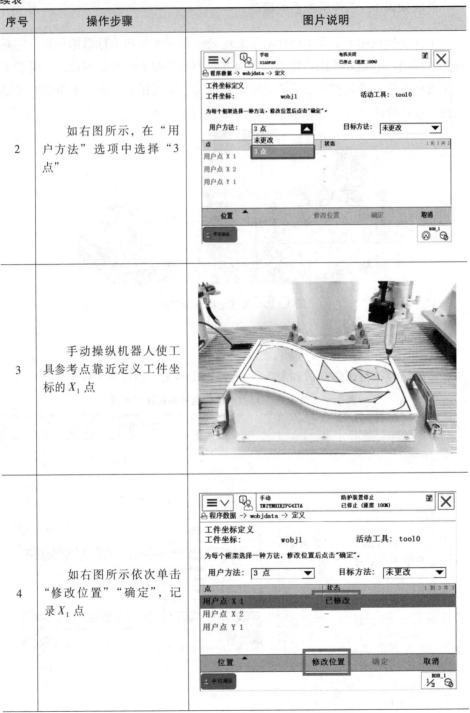
3	手动操纵机器人使工具参考点靠近定义工件坐标的 X_1 点	
4	如右图所示依次单击"修改位置""确定"，记录 X_1 点	

续表

序号	操作步骤	图片说明
5	手动操纵机器人使工具参考点靠近定义工件坐标的 X_2 点	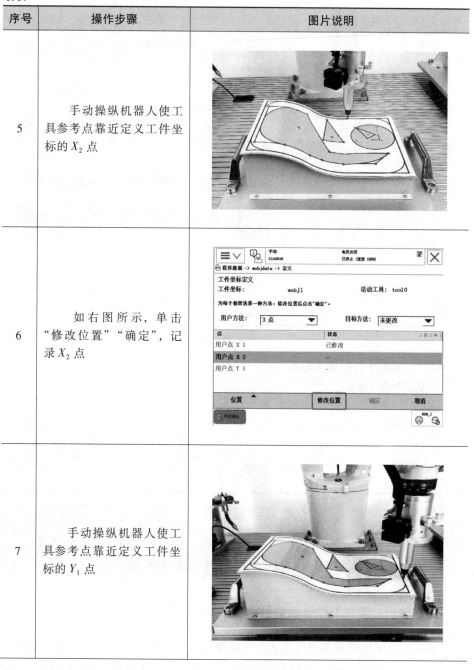
6	如右图所示，单击"修改位置""确定"，记录 X_2 点	
7	手动操纵机器人使工具参考点靠近定义工件坐标的 Y_1 点	

续表

序号	操作步骤	图片说明
8	如右图所示，依次单击"修改位置""确定"，记录 Y_1 点	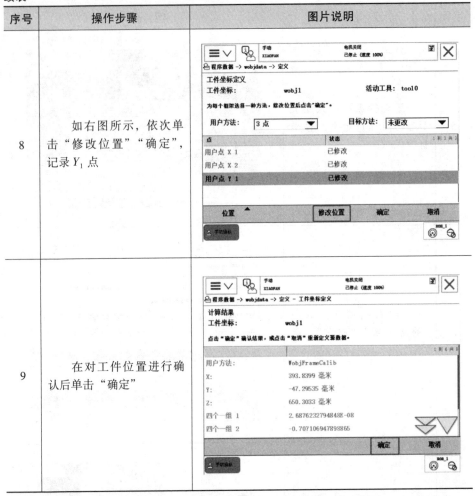
9	在对工件位置进行确认后单击"确定"	

温馨提示：

(1) 在操作时，确保所有人在工业机器人的工作范围外的安全位置。

(2) 工业机器人的手动速度不得超过最高速度的50%。

关联知识：建立工件坐标系的原理

建立工件坐标系是采用三点法，三点是指原点、X 轴方向点和 Y 轴方向点。

当原点确定时，用原点和 X 轴方向点来确定 X 轴正方向，用原点和 Y 轴方向点来确定 Y 轴正方向，最后根据笛卡儿直角坐标系的右手规则就可以确定 Z 轴正方向，从而得到工件坐标系。

实施过程3：验证工件坐标系

学员结合教材所学知识和表3-7的操作步骤，验证新建工件坐标系的精准度，验证结束后操纵机器人，观察机器人工具作业点沿工件边缘移动的位置变化情况。

表3-7 验证新建工件坐标系的操作步骤

序号	操作步骤	图片说明
1	如右图所示点击"工件坐标"，进入工件坐标系选择界面	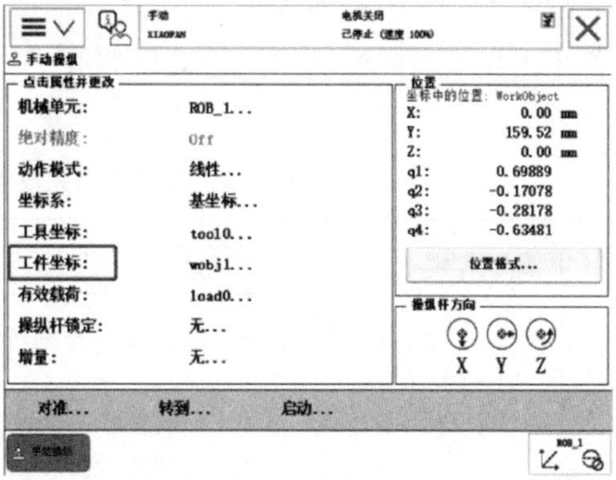
2	如右图所示，选择新建的工件坐标系，点击"确定"	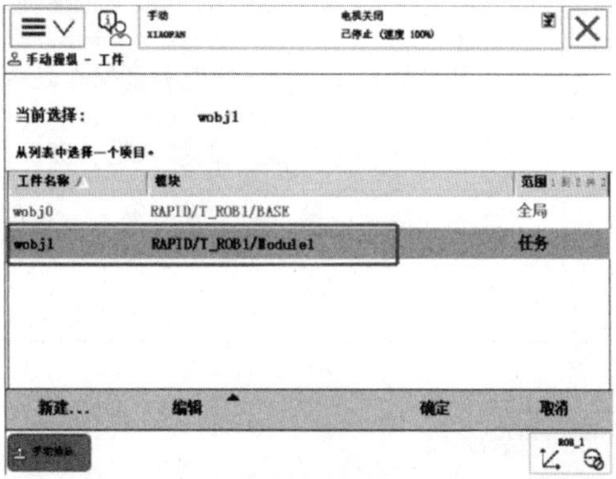
3	电动机上电，操作机器人将工具参考点靠近X_1点，分别移动X轴、Y轴的方向，观察机器人各轴方向是否与定义的工件坐标系的各轴方向一致	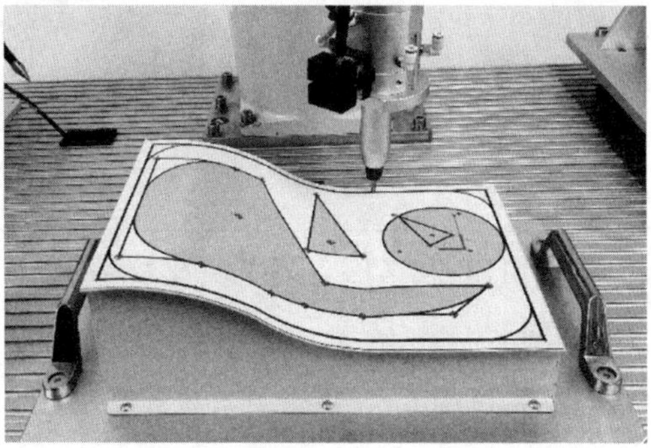

温馨提示：

　　验证工件坐标系时，操作机器人，使其沿 X 轴、Y 轴进行线性运动，检查工具参考点的运动轨迹是否与工件坐标系平行，如果不平行，则建立的工件坐标系不适用，需要重建。

任务评价

　　各小组在实训课程结束后，老师根据各小组的实际完成情况在表 3-8 中进行评价。

表 3-8   实训课程完成情况评价表

序号	评分项目	得分/分	总分/分
1	工业机器人坐标系的切换是否熟练		10
2	工具坐标系建立、设定、验证等操作是否熟练		30
	工具坐标系建立的结果是否准确		10
3	工件坐标系建立、设定、验证操作是否熟练		30
	工件坐标系建立的结果是否准确		10
4	实训课程操作过程中是否符合安全规范		10
总分/分			100

任务拓展

1. 请使用"TCP 默认方向"完成工具坐标系的定义，并说说它与"TCP 和 Z，X"有何不同。

   _____

   _____

2. 请使用"TCP 和 Z"完成工具坐标系的定义，并说说它与"TCP 和 Z，X"有何不同。

   _____

   _____

▶ 任务 2 工业机器人简单轨迹编程与操作实践 ◀

任务导入

按照任务实施步骤及给定的 RAPIA 程序，独立使用工业机器人多功能操作台，完成图 3 - 11 所示轨迹模块中所有图形轨迹编程与操作实践。

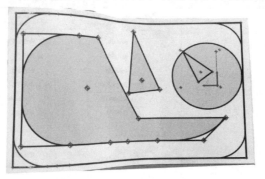

图 3 - 11 轨迹模块

任务目标

◆ 了解工业机器人 RAPID 程序的数据类型与分类。

◆ 能够创建工业机器人例行程序。

◆ 能够使用常见指令编写简单的轨迹程序。

◆ 能够修改、调试、调用、校验例行程序。

◆ 能够按照要求编写工作台轨迹模块上的图像轨迹程序。

任务实施

任务实施指引

首先在老师的指导下，学员观察工业机器人多功能工作台的轨迹模块，明确任务目标，然后老师引导学员一步一步拆解任务，拆解成程序创建、指令应用、简单轨迹程序编写等，最终老师要求学员完成轨迹模块上所有图形轨迹程序编写并运行校验程序。通过启发式教学，激发学员的学习兴趣与学习主动性。

❖ **实施步骤1：创建工业机器人例行程序**

　　学员结合表3-9的操作步骤，创建工业机器人例行程序，并将新建模块命名为"GuijiMoKuai"，例行程序命名为"TestA"。

表3-9　创建工业机器人例行程序的操作步骤

序号	操作步骤	图片说明
1	如右图所示，进入"菜单栏"，在示教器操作界面中单击"程序编辑器"选项	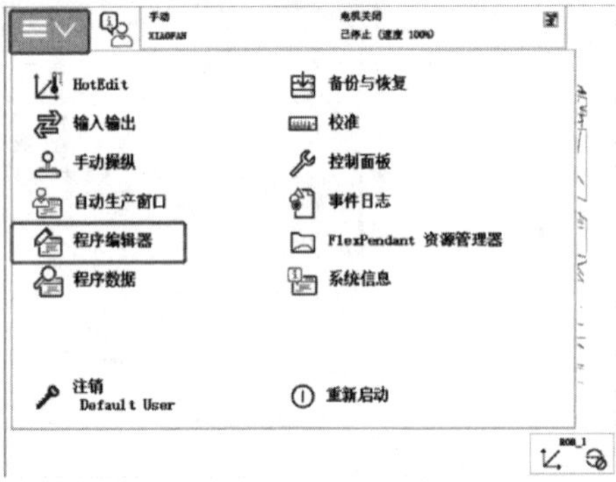
2	示教器操作界面在首次进入"程序编辑器"时会弹出右图所示的对话框，点击"取消"，进入模块列表界面	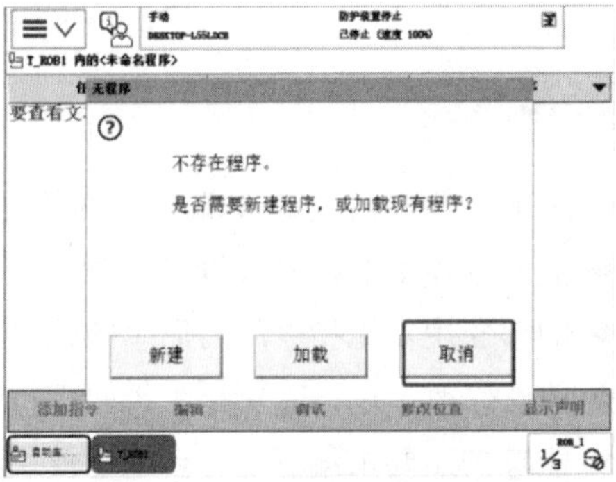
3	在模块列表界面首先单击左下角"文件"选项，然后在"文件"展开界面单击"新建模块"	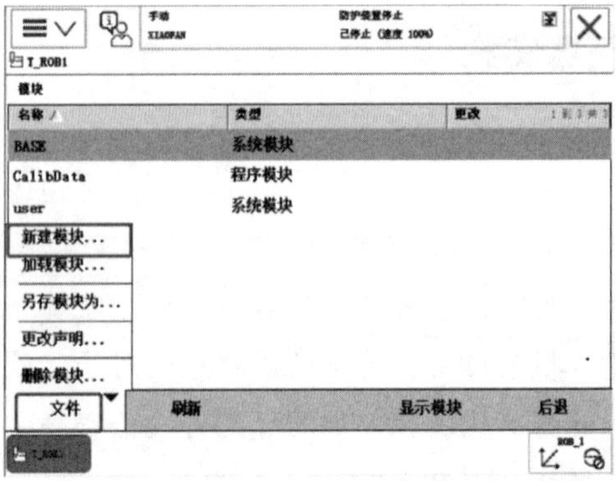

续表

序号	操作步骤	图片说明
4	如右图所示，单击"是"，确认继续	
5	首先在创建新模块界面点击"ABC…"修改模块名称，程序模块的默认类型是 Program，然后单击"确定"，完成新模块的建立	
6	如右图所示，选中模块列表中的"Module1"，然后单击"显示模块"	

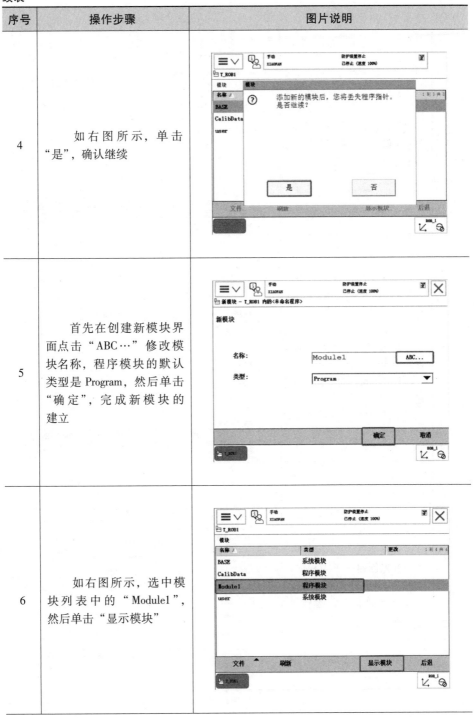

续表

序号	操作步骤	图片说明
7	如右图所示，单击"例行程序"，进行例行程序的新建	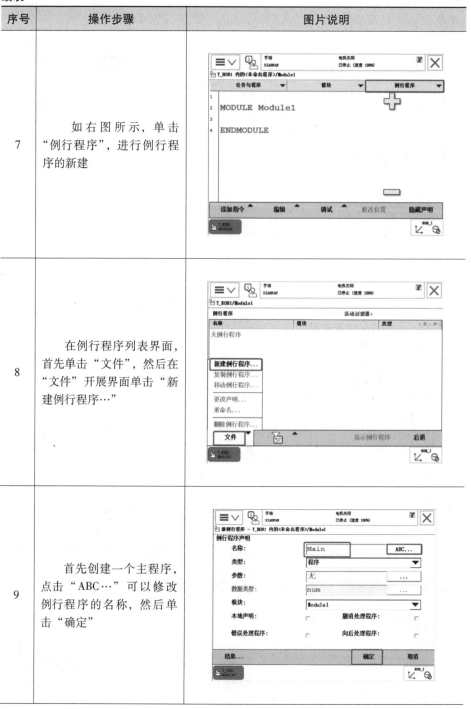
8	在例行程序列表界面，首先单击"文件"，然后在"文件"开展界面单击"新建例行程序…"	
9	首先创建一个主程序，点击"ABC…"可以修改例行程序的名称，然后单击"确定"	

续表

序号	操作步骤	图片说明
10	在新建例行程序时，可以对例行程序的类型进行选择，建立所需的程序类型。如右图所示，程序类型可为程序、功能和中断。此处应选择"程序"，然后点击"确认"	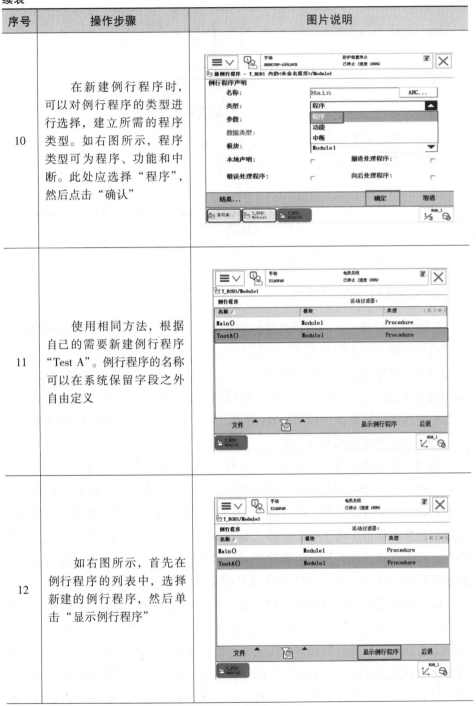
11	使用相同方法，根据自己的需要新建例行程序"Test A"。例行程序的名称可以在系统保留字段之外自由定义	
12	如右图所示，首先在例行程序的列表中，选择新建的例行程序，然后单击"显示例行程序"	

续表

序号	操作步骤	图片说明
13	接下来即可进入编程程序界面	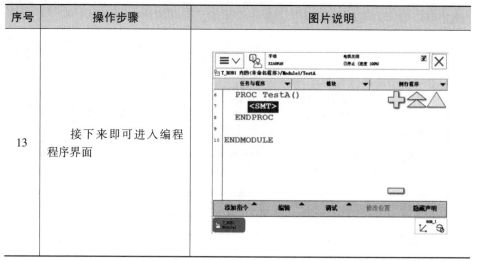

关联知识 1：RAPID 语言

RAPID 是一种英文的应用级示教编程语言，是由机器人厂家针对用户示教编程所开发的机器人编程语言，类似于 C 语言。为了方便用户编程，它封装了一些可直接调用的指令。这些指令种类多，可以实现对机器人的操作控制，比如实现运动控制、逻辑运算、I/O 通信控制、重复执行指令等。将这些指令有序地组织起来，可形成一段 RAPID 程序，而这些程序就是使用 RAPID 编程语言的特定词汇和语法编写而成的。

数据是信息的载体，它能够被计算机识别、存储和加工处理，是计算机程序加工的原料。RAPID 数据是在 RAPID 编程语言环境下定义的用于存储不同类型数据信息的数据类型。在 RAPID 语言体系中，定义了上百种工业机器人可能运用到数据类型，用于存放机器人编程需要用到的各种类型的常量和变量。同时，RAPID 语言允许用户根据这些已经定义好的数据类型和实际需求创建新的数据结构，这为 ABB 机器人程序设计带来了无限可能性。

RAPID 数据按照存储类型可以分为三大类，分别为变量（VAR），可变量（PERS）和常量（CONTS）。变量进行定义时，可以赋值，也可以不赋值，在程序中遇到新的赋值语句，当前值改变，但初始值不变；遇到指针重置（指针重置是指程序指针被人为地从一个例行程序移至另一个例行程序）时，当前值又恢复到初始值。可变量进行定义时，必须赋予初始值，在程序中遇到新的赋值语句，当前值改变，初始值也跟着改变，初始值可以被反复修改（多用于生产计数）。常量进行定义时，必须赋予初始值，它在程序中是一个静态值，不能赋予新值，只能通过手动修改来更改。

根据不同的用途，ABB 工业机器人定义了不同的程序数据。机器人系统中常用的程序数据（如表 3-10 所示）。

表 3-10 常用的程序数据及说明

程序数据	说明	程序数据	说明
bool	布尔量	pos	位置数据（只有 X, Y 和 Z）
byte	整数数据 0~255	pose	坐标转换
clock	计时数据	robjoint	机器人轴角度数据
dionum	数字输入/输出信号	robtarget	机器人与外轴的位置数据
extjoint	外轴位置数据	speeddate	机器人与外轴的速度数据
intnum	中断标志符	string	字符串
jointtarget	关节位置数据	tooldate	工具数据
loaddate	负载数据	trapdate	中断数据
mecunit	机械装置数据	wobjdate	工件数据
num	数值数据	zonedate	TCP 转弯半径数据
orient	姿态数据		

关联知识 2：RAPID 程序的架构

RAPID 程序由系统模块与程序模块组成，系统模块和程序模块在系统启动期间自动加载到任务缓冲区，如表 3-11。通常情况下，系统模块多用于系统方面的控制，只通过新建的程序模块来构建机器人的执行程序。

表 3-11 RAPID 程序的架构

RAPID 程序			
程序模块 1	程序模块 2	程序模块…	程序模块
程序数据 主程序 main 例行程序 中断程序 功能	程序数据 例行程序 中断程序 功能	… … … …	程序数据 例行程序 中断程序 功能

从表 3 - 11 中可以看出，程序模块由各种数据和程序构成，可以根据不同的任务创建多个程序模块。每一个程序模块都可包含程序数据、例行程序、中断程序和功能等四个内容，但不一定在每一个模块中都包含了这四个内容。程序模块之间的程序数据、例行程序、中断程序和功能是可以互相调用的，但是在 RAPID 程序中，只有一个主程序 main，它可以存在于任意一个程序模块中，作为整个 RAPID 程序执行的起点。

工业机器人一般在初始状态下有两个系统模块：BASE 与 user 系统模块，如图 3 - 12 所示。工业机器人会根据应用的不同，配备对应的系统模块。BASE 系统模块中系统对工具、工件以及负载进行初始定义。user 模块中系统对默认变量值进行初始设置，如数据变量值、时钟变量值等。

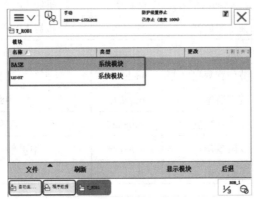

图 3 - 12　系统模块

关联知识 3：模块菜单与例行程序菜单说明

操作示教器时，模块列表界面包含有新建模块、加载模块、另存模块为、更改声明、删除模块等五个选项，其功能分别如下。

（1）新建模块：建立一个新的模块，包含程序模块和系统模块，默认选择 Module 程序模块。

（2）加载模块：通过外部 USB 储存设备加载程序模块。

（3）另存模块为：保存当前程序模块，可以保存至控制器，也可以保存至外部 USB 储存设备。

（4）更改声明：通过更改声明可以更改模块的名称和类型。

（5）删除模块：删除当前模块，该操作不可逆，谨慎操作。

操作示教器时，例行程序列表界面菜单包含新建例行程序、复制例行程序、移动例行程序、更改声明、重命名、删除例行程序等6个选项，其功能分别如下。

（1）新建例行程序：可以更改名称、程序类型。

（2）复制例行程序：可以修改名称、程序类型，复制程序所在模块位置。

（3）移动例行程序：移动程序到别的模块。

（4）更改声明：可以更改程序类型、程序参数和程序所在模块。

（5）重命名：重命名例行程序。

（6）删除例行程序：删除当前例行程序。

❖ **实施步骤2：编辑简单的轨迹程序**

对图3-13进行分析，工业机器人工具作业点运行轨迹可定位为"工作原点-A-B-C-A-D-E-F-A-工作原点"。

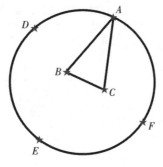

图3-13　圆弧轨迹图

实施过程：编制程序

结合指定的工业机器人运行轨迹，用ABB机器人示教器编写轨迹程序，轨迹程序清单如表3-12所示。

具体操作步骤如下。

1. 选择对应的工具、工件坐标系，点击"程序编辑器"菜单。

2. 选择新建的"Test A"例行程序，点击"显示例行程序"。

3. 在打开的例行程序中点击"＜SMT＞"，点击"添加指令"。

4. 依次根据要求添加表3-11中的程序。

表 3 - 12　轨迹程序清单

轨迹程序及说明
Test A；　　　　　　　　　　　　　　　　　　　　　　　　　　　例行程序名称
MoveAbsJ jpos10 \ NoEoffs, v200, fine, tool1 \ wobj1: = wobj1；　　设置机器人零点位置
MoveJ pH, v200, fine, tool1 \ wobj1: = wobj1；　　　　　　　　　运动到安全切入点
MoveJ pA, v200, fine, tool1 \ 2obj1: = wobj1；　　　　　　　　　关节运动到达 A 点
MoveL pA10, v200, fine, tool1 \ wobj1: = wobj1；　　　　　　　　直线运动到达 B 点
MoveL pA20, v200, fine, tool1 \ wobj1: = wobj1；　　　　　　　　直线运动到达 C 点
MoveL pA, v200, fine, tool1 \ wobj1: = wobj1；　　　　　　　　　直线运动到达 A 点
MoveC pA40, pA50, v200, z10, tool1 \ wobj1: = wobj1；　　　　　　圆弧经过 D 点到达 E 点
MoveC pA60, pA, v200, z10, tool1 \ wobj1: = wobj1；　　　　　　　圆弧经过 F 点到达 A 点
MoveJ pH, v200, fine, tool1 \ wobj1: = wobj1；　　　　　　　　　运动到安全切入点

5. 添加程序的操作步骤如表 3 - 13 所示。

表 3 - 13　添加程序的操作步骤

序号	操作步骤	图片说明
1	进入到刚新建的例行程序中，选中"＜SMT＞"，点击"添加指令"	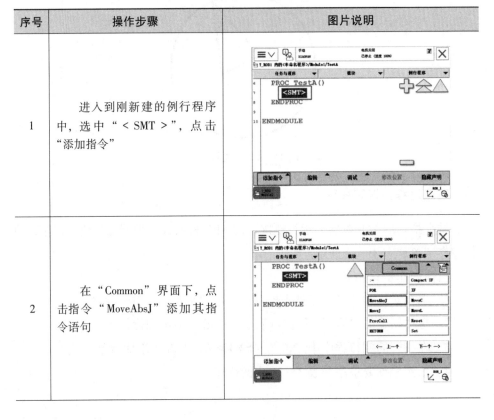
2	在"Common"界面下，点击指令"MoveAbsJ"添加其指令语句	

续表

序号	操作步骤	图片说明
3	编辑"MoveAbsJ"指令语句，如右图所示	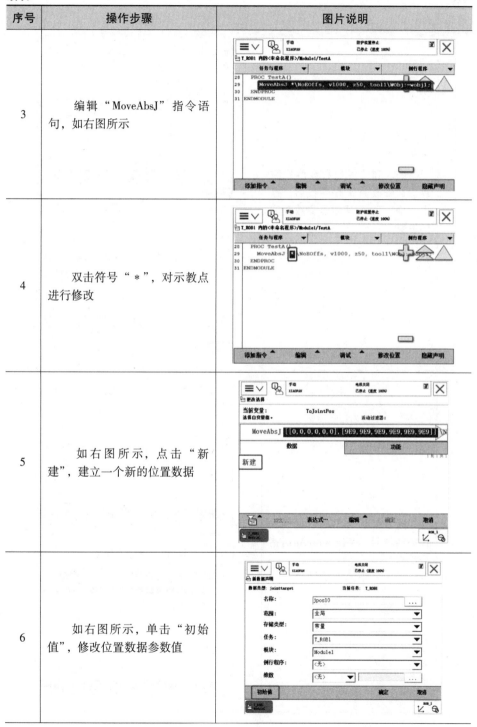
4	双击符号"＊"，对示教点进行修改	
5	如右图所示，点击"新建"，建立一个新的位置数据	
6	如右图所示，单击"初始值"，修改位置数据参数值	

续表

序号	操作步骤	图片说明
7	进入到位置参数数值修改界面，修改完所有参数后，点击"确定"，完成零点参数数值的设定	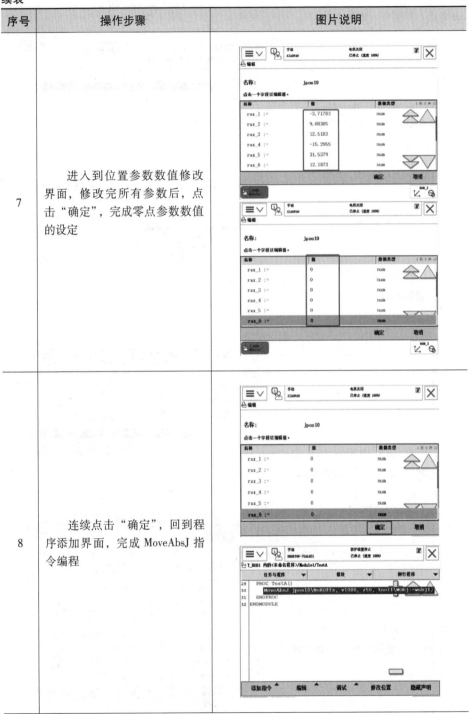
8	连续点击"确定"，回到程序添加界面，完成 MoveAbsJ 指令编程	

续表

序号	操作步骤	图片说明
9	单击"v1000",选择"v200",点击"确定";单击"z50",选择"fine",点击"确定"	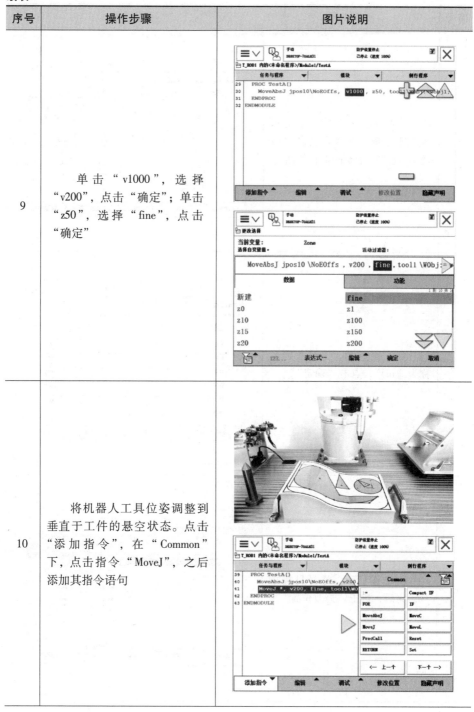
10	将机器人工具位姿调整到垂直于工件的悬空状态。点击"添加指令",在"Common"下,点击指令"MoveJ",之后添加其指令语句	

续表

序号	操作步骤	图片说明
11	首先双击符号"＊"，对示教点进行修改，然后点击"新建"，建立一个新的位置数据	
12	如右图所示，更改数据名称为"pH"，点击"确定"	
13	如右图所示，选择目标指令语句后，点击"修改位置"	

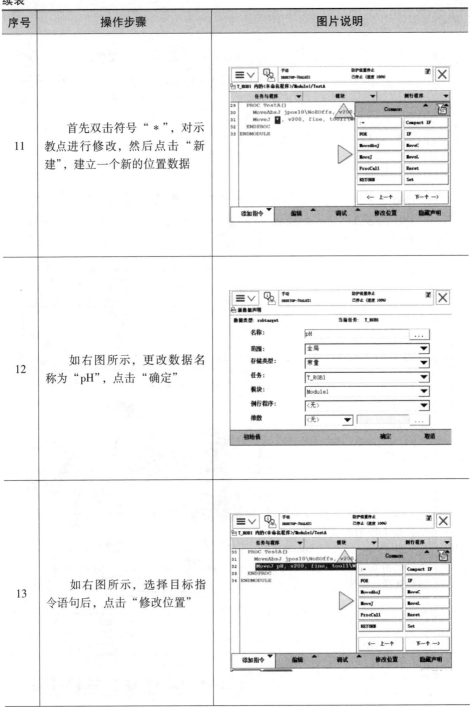

续表

序号	操作步骤	图片说明
14	将机器人工具末端点移动到 A 点后，点击"添加指令"，在"Common"下，点击指令"MoveJ"并添加其指令语句	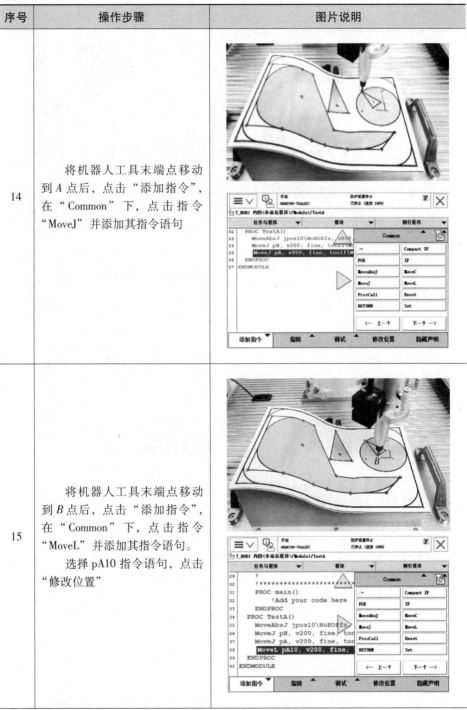
15	将机器人工具末端点移动到 B 点后，点击"添加指令"，在"Common"下，点击指令"MoveL"并添加其指令语句。 　　选择 pA10 指令语句，点击"修改位置"	

续表

序号	操作步骤	图片说明
16	将机器人工具末端点移动到 C 点后，点击"添加指令"，在"Common"下，点击指令"MoveL"并添加其指令语句。 　　选择 pA20 指令语句，点击"修改位置"	
17	将机器人工具末端点移动到 A 点后，点击"添加指令"，在"Common"下，点击指令"MoveL"并添加其指令语句。双击"pA30"，将其修改为"pA"，点击"确定"	

续表

序号	操作步骤	图片说明
18	将机器人工具末端点移动到 D 点后，点击"添加指令"，在"Common"下，点击指令"MoveC"并添加其指令语句。单击"pA40"，点击"修改位置"	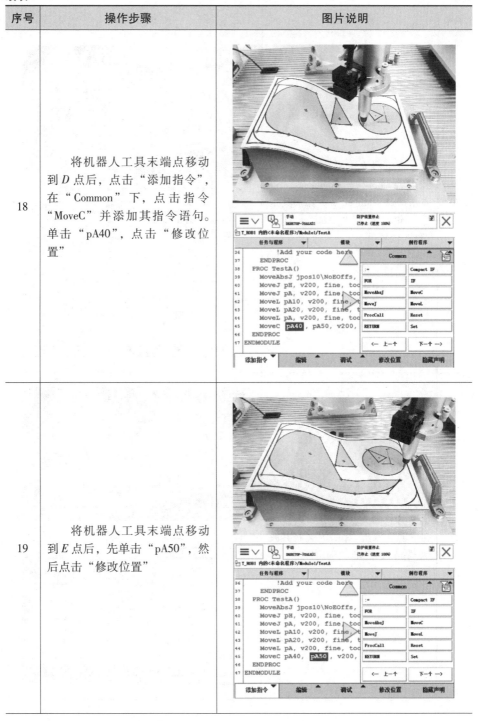
19	将机器人工具末端点移动到 E 点后，先单击"pA50"，然后点击"修改位置"	

续表

序号	操作步骤	图片说明
20	将机器人工具末端点移动到 *F* 点后，在"Common"下，点击指令"MoveC"并添加其指令语句。单击"pA60"，点击"修改位置"	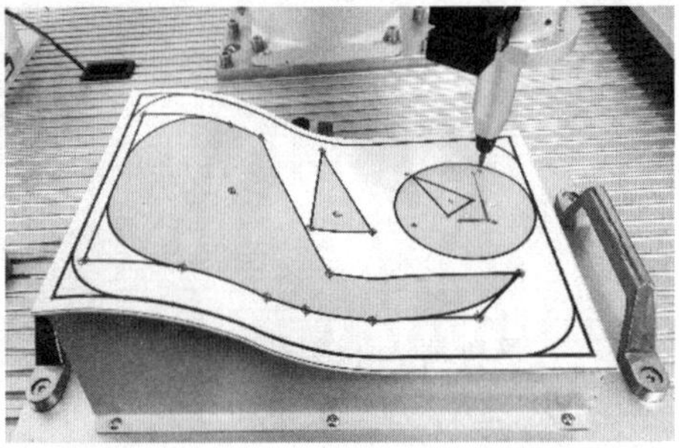 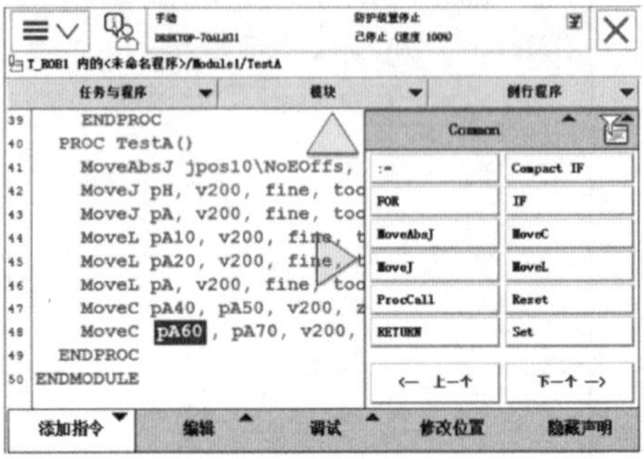
21	将机器人工具末端点移动到 *A* 点，双击"pA70"，将其改为"pA"，点击"确定"	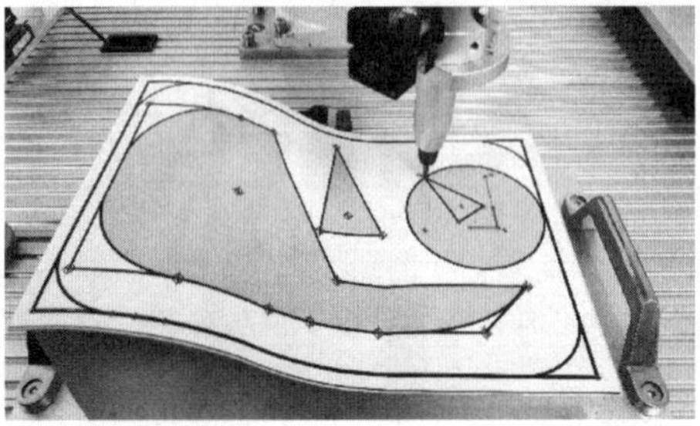 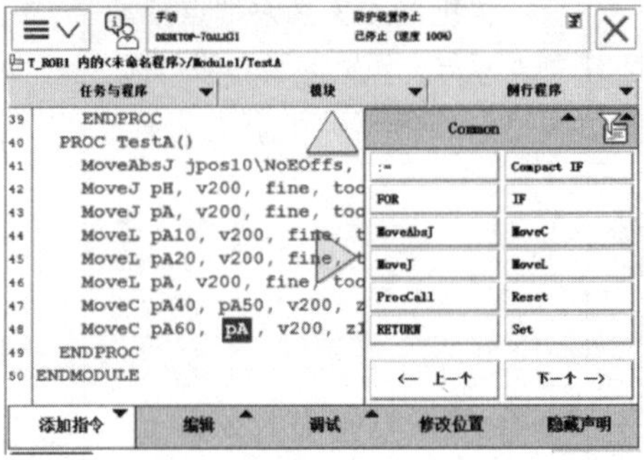

续表

序号	操作步骤	图片说明
22	点击程序第二行，选择整行语句，依次点击"编辑""复制"	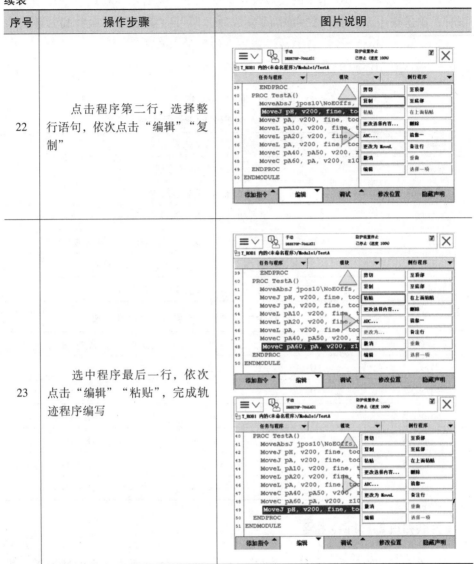
23	选中程序最后一行，依次点击"编辑""粘贴"，完成轨迹程序编写	

关联知识 1：MoveAbsJ 指令

MoveAbsJ 指令是指机器人的运动使用 6 个轴和外轴的角度值来定义目标位置数据（如图 3 - 14 所示），MoveAbsJ 指令常被用于机器人 6 个轴回到机械零点或工作原点位置的时候。工作原点是一个机器人远离工件和周边设备的安全位置。当机器人在工作原点时，会同时发出信号给其他远端控制设备。根据此信号可以判断机器人是否在工作原点，避免机器人动作的起始位置不安全而损坏周边设备。MoveAbsJ 指令的参数及定义如表 3-14 所示。在进行程序语句编写时，单击选中对应指令语句中的参数后，即可对参数进行编辑和修改。表 3-15 为 MoveAbsJ 指令中各参数设置零点位置的参数值。

```
MoveAbsJ jpos10\NoEOffs, v200, fine, tool1\WObj:=wobj1;
```

图 3-14   MoveAbsJ 指令

表 3-14   MoveAbsJ 指令的参数及定义

参数	定义
jpos10	目标点位置数据
\ NoEOffs	外轴不带偏移数据
v200	运动速度数据，200 mm/s
fine	转弯区数据，转弯区的数值越大，机器人的动作越圆滑与流畅
tool1	工具坐标数据，定义当前指令使用的工具坐标
wobj1	工件坐标数据，定义当前指令使用的工件坐标

表 3-15   MoveAbsJ 指令中各参数设置零点位置的参数值

参数	参数值	参数	参数值
rax_ 1	0	eax_ a	9E +09
rax_ 2	0	eax_ b	9E +09
rax_ 3	0	eax_ c	9E +09
rax_ 4	0	eax_ d	9E +09
rax_ 5	0	eax_ e	9E +09
rax_ 6	0	eax_ f	9E +09

关联知识 2：MoveJ 指令

如图 3-15 所示的 MoveJ 指令常运用在对路径精度要求不高的情况下，机器人的工具中心点 TCP 从一个位置移动到另一个位置，且两个位置之间的路径不一定是直线。MoveJ 路径示意图如图 3-16 所示。MoveJ 指令适合机器人大范围运动时使用，不容易在运动过程中出现关节轴进入机械奇点的问题。MoveJ 指令的参数及定义如表 3-16 所示。

```
MoveJ p10, v150, z50, tool0\WObj:=wobj1;
MoveJ p20, v150, z50, tool0\WObj:=wobj1;
```

图 3-15   MoveJ 指令

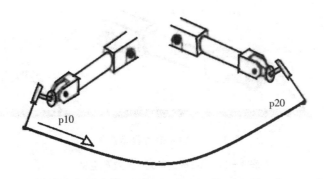

图 3 - 16 MoveJ 路径示意图

表 3 - 16 MoveJ 指令的参数及定义

参数	定义
p10，p20	目标点位置数据
v150	运动速度数据，150 mm/s
z50	转弯区数据，转弯区的数值越大，机器人的动作越圆滑、流畅
tool0	工具坐标数据，定义当前指令使用的工具坐标
wobj1	工件坐标数据，定义当前指令使用的工件坐标

温馨提示：

　　工业机器人运用 MoveJ 指令进行两点间的移动时，两点之间整个空间区域须无障碍物，以防因运动路径不可预知而发生碰撞。

关联知识 3：MoveL 指令

运用 MoveL 指令（如图 3 - 17）时，工业机器人的 TCP 从起点到终点之间的路径始终保持为直线，且工业机器人运动状态可控，运动路径保持唯一，MoveL 路径如图 3 - 18 所示。因为线性运动可能会出现奇点，所以该指令不适用于大范围移动。一般如焊接、涂胶等应用对路径要求高的场合会使用此指令。MoveL 指令参数说明参考表 3 - 17。

```
MoveL p30, v150, z50, tool0\WObj:=wobj1;
MoveL p40, v150, z50, tool0\WObj:=wobj1;
```

图 3 - 17 MoveL 指令

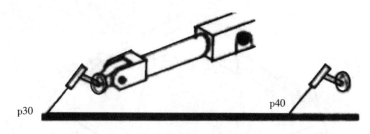

图 3 - 18　MoveL 路径示意图

表 3 - 17　MoveL 指令的参数及定义

参数	定义
p30，p40	目标点位置数据
v150	运动速度数据，150 mm/s
z50	转弯区数据，转弯区的数值越大，机器人的动作越圆滑、流畅
tool0	工具坐标数据，定义当前指令使用的工具坐标
wobj1	工件坐标数据，定义当前指令使用的工件坐标

关联知识 4：MoveC 指令

MoveC 指令（如图 3 - 19）是在机器人可到达的空间范围内定义三个位置数据，第一个点是圆弧的起点，第二个点用于圆弧的曲率，第三个点是圆弧的终点。MoveC 路径示意图如图 3 - 20 所示。MoveC 指令的参数及定义如表 3 - 18 所示。

```
MoveJ p10, v150, fine, tool0\WObj:=wobj1;
MoveC p20, p30, v150, z1, tool0\WObj:=wobj1;
```

图 3 - 19　圆弧运动指令

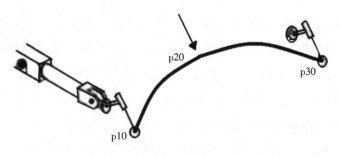

图 3 - 20　MoveC 路径示意图

表 3 - 18　MoveC 指令的参数及定义

参数	定义
p10	圆弧的第一个点,用来定义圆弧的起点位置
p20	圆弧的第二个点,用来定义圆弧的曲率
p30	圆弧的第三个点,用来定义圆弧的终点位置
v150	运动速度数据,150 mm/s
fine/z50	转弯区数据
tool0	工具坐标数据,定义当前指令使用的工具坐标
wobj1	工件坐标数据,定义当前指令使用的工件坐标

温馨提示:

(1) MoveC 指令的起点是上条指令的终点,圆弧指令在设置时,只需要添加 2 个点位即可(p20,p30),如需改变圆弧的起点,就需要改变上条指令。

(2) 不要试图用终点和起点重合的圆弧插补指令来实现 360°全圆插补。全圆插补需要通过 2 条或以上的圆弧插补指令来实现。

(3) 转弯区数据 fine,是指工业机器人 TCP 达到目标点,在目标点速度降为零的数据。工业机器人动作有所停顿后再向下运动,如果停顿位置是一段路径的最后一个点,一定要为 fine。

(4) 工业机器人两点之间姿态改变量越少越好,这样工业机器人运行会更加顺畅。

关联知识 5:轨迹逼近

运动指令参数 z50 是指机器人的 TCP 以线性运动方式从当前位置向 p1 点前进。当转弯区数据是 10 mm 时即表示在距离 p1 点还有 10 mm 的时候开始转弯,其中转弯区数据的数值越大,机器人的动作越圆滑、流畅。运动指令参数 fine 是指机器人的 TCP 以线性运动方式从当前位置精准运动到 p1 点(图 3 - 21)。

例如：根据图 3-22 所示的轨迹示意图进行线性运动指令编程示教。其中图 3-23a 的运动路径在 $p2$ 点处走的是实线；图 3-23b 的运动路径在 $p2$ 点处走的是虚线。

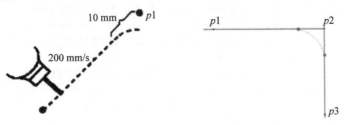

图 3-21　运动指令参数 fine 轨迹示意图　　图 3-22　运动指令参数 z50 轨迹示意图

```
MoveL p1, v1000, fine, tool0\WObj:=wobj1;    MoveL p1, v1000, fine, tool0\WObj:=wobj1;
MoveL p2, v1000, fine, tool0\WObj:=wobj1;    MoveL p2, v1000, z50, tool0\WObj:=wobj1;
MoveL p3, v1000, fine, tool0\WObj:=wobj1;    MoveL p3, v1000, fine, tool0\WObj:=wobj1;
                 a                                            b
```

图 3-23　两种运动指令

关联知识 6：程序编辑器菜单

程序编辑器菜单中的编辑项主要用于对程序进行修改，具有复制、剪切、粘贴等选项（如图 3-24 所示）。

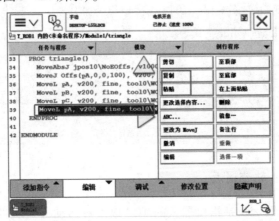

图 3-24　程序编辑器菜单

程序编辑器菜单主要选项及功能如下。

（1）剪切：将选择内容剪切到剪辑板。

（2）复制：将选择内容复制到剪辑板。

（3）粘贴：默认粘贴内容在光标下面。

（4）在上面粘贴：粘贴内容在光标上面。

（5）至顶部：滚页到第一页。

（6）至底部：滚页到最后一页。

（7）更改选择内容…：点击后，弹出待更改的变量。

（8）删除：删除选择内容。

（9）ABC...：点击后，弹出键盘，可以直接进行指令编辑修改。

（10）更改为 MoveL：将 MoveJ 指令更改为 MoveL 指令，将 MoveL 指令更改为 MoveJ 指令。

（11）备注行：将选择内容改为注释，且不被程序执行。

（12）撤销：撤销当前操作，最多可撤销 3 步。

（13）重做：恢复当前操作，最多可以恢复 3 步。

（14）编辑：可以进行多行选择。

❖ 实施步骤 3：程序调试

学员手动操纵工业机器人，将机器人工具作业点提高到安全位置，然后按照下表 3 - 19 的操作步骤单步调试程序，查看程序的轨迹是否正确。

表 3 - 19　单步调试程序的操作步骤

序号	操作步骤	图片说明
1	打开例行程序，依次点击"调试""调用例行程序…"	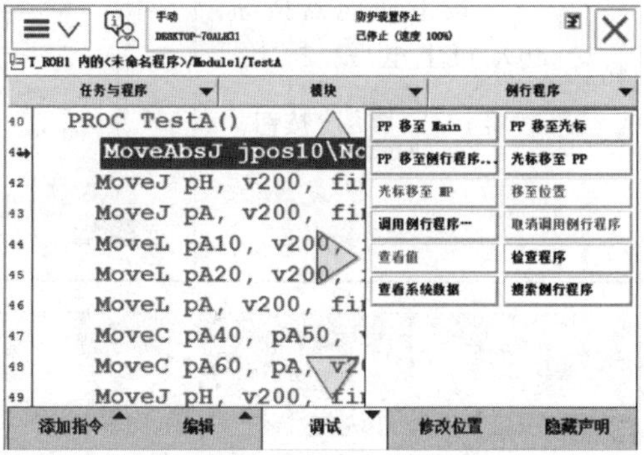

续表

序号	操作步骤	图片说明
2	选择"TestA"例行程序，点击"转到"	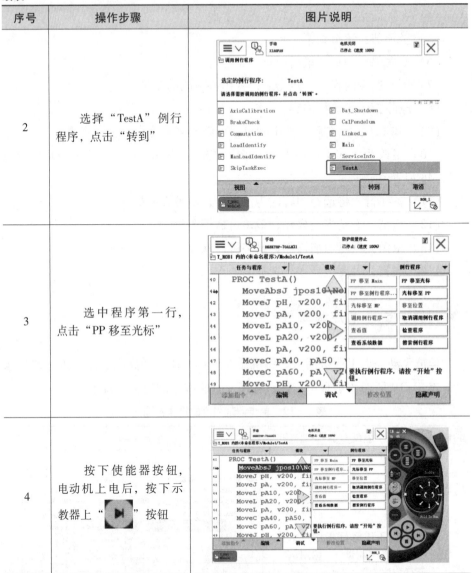
3	选中程序第一行，点击"PP移至光标"	
4	按下使能器按钮，电动机上电后，按下示教器上"▶▮"按钮	

温馨提示:

(1) 在单步调试过程中，示教器速度不应该超过30%。

(2) 单步调试过程如遇点位数据不对，可以手动调整机器人工具作业点位置后，点击"修改位置"，然后重新调试程序。

(3) 单步调试程序没有问题后，可以点击示教器上连续按钮运行程序。

关联知识 1：程序调试控制按钮

程序调试控制按钮名称、图标及功能说明如表 3 - 20 所示。

表 3 - 20 程序调试控制按钮名称、图标及功能说明

按钮名称	图标	功能说明	备注
连续	▶	按下此按钮，可以连续执行程序语句，直到程序结束	编写好的程序确认无误后才可使用
上一步	◀	按下此按钮，执行当前程序语句的上一语句，按一次往上执行一句	在手动运行模式下，单步调试程序
下一步	▶	按下此按钮，执行当前程序语句的下一语句，按一次往下执行一句	
暂停	◼	按下此按钮，停止当前程序语句的执行	只要按下此按钮，就会停止当前程序语句的执行

关联知识 2：程序调试菜单

程序调试菜单中的选项主要用于对程序进行调试操作（如图 3 - 25 所示）。

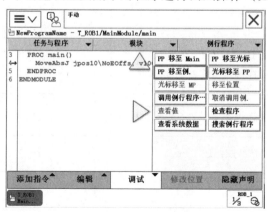

图 3 - 25 程序调试菜单

程序调试菜单主要选项及功能如下。

（1）PP 移至 Main：将程序指针移至 Main 起始行。

（2）PP 移至光标：将程序指针移至选择光标位置。

（3）PP 移至例行程序：将程序指针移至所选例行程序。

（4）光标移至 PP：将选择光标移至程序指针位置。

（5）光标移至 MP：将选择光标移至动作指针位置。

（6）查看值：查看选中的变量值。

（7）检查程序：检测程序语法，存在错误时弹出错误提示。

任务评价

各小组在实训课程结束后，老师根据各小组的实际完成情况在表 3 - 21 中进行评价。

表 3 - 21　实训课程完成情况评价表

序号	评分项目	得分/分	总分/分
1	模块、例行程序新建操作熟练度		15
2	MoveAbsJ 指令使用熟练度		15
3	MoveJ 指令使用熟练度		15
4	MoveL 指令使用熟练度		15
5	MoveC 指令使用熟练度		15
6	程序调试操作熟练度		15
7	实训课程操作设备中是否符合安全规程		10
	总分/分		100

任务拓展

1. 新建例行程序"TestB",完成图 3 - 26 的程序编辑与调试。

图 3 - 26 轨迹图

2. 新建例行程序"TestC",完成图 3 - 27 的程序编辑与调试。

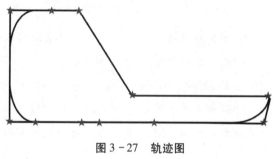

图 3 - 27 轨迹图

▶ 任务 3 设定工业机器人自动运行 ◀

任务导入

结合前面学习的知识与工业机器人多功能工作台轨迹模块,完成图 3 - 28 所示轨迹模块中主程序 main 的编写与调试,并设置工业机器人自动运行速度,实现工业机器人工作台轨迹模块所有图形轨迹的自动运行。

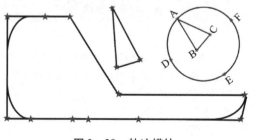

图 3 - 28 轨迹模块

任务目标

◆ 能够使用 ProcCall 指令调用例行程序编写程序。

◆ 能够使用 AccSet 指令（加速度设置指令）、VelSet 指令编程设置程序运行速度。

◆ 能够完成轨迹模块的主程序 main 的编写与调试。

◆ 能按操纵工业机器人系统完成自动运行。

任务实施

任务实施指引

首先在老师的指导下，学员完成轨迹模块中所有图形例行程序的编写与调试，明确本节课堂任务目标，然后老师引导学员一步一步拆解任务，学习 ProcCall、AccSet、VelSet 等指令的使用，以及工业机器人自动运行系统操作方式等，最后老师要求学员操纵工业机器人系统完成自动运行。通过启发式教学，激发学员的学习兴趣与学习主动性。

❖ **实施步骤 1：编写轨迹模块的主程序 Mian**

实施过程 1：编写主程序 Mian

新建例行程序，名称设置为"main"，然后根据表 3 - 22 程序内容，完成轨迹模块主程序 main 的编写。

表 3 - 22　轨迹模块主程序 main 的清单

轨迹程序及说明	
PROC main;	主程序名称
AccSet 80，50;	设置加速度倍率为 80%，加速度变化率倍率为 50%
VelSet 80，300;	设置速率为指令速率的 80%，最大速度 300 mm/s
TestA;	例行程序 TestA
TestB;	例行程序 TestB
TestC;	例行程序 TestC

添加程序的操作步骤如表 3 - 23 所示。

表 3 - 23　添加程序的操作步骤

序号	操作步骤	图片说明
1	打开主程序 main，点击"＜SMT＞"	
2	点击"添加指令"，点击"Common"，选择"Settings"	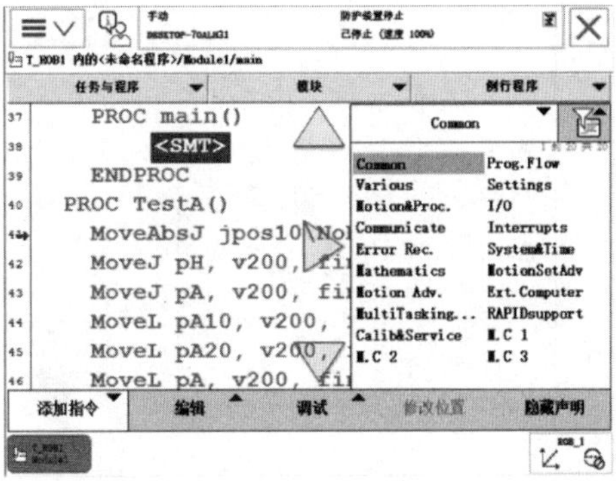
3	添加 AccSedt 指令，选中 AccSet 指令中的"100"双击	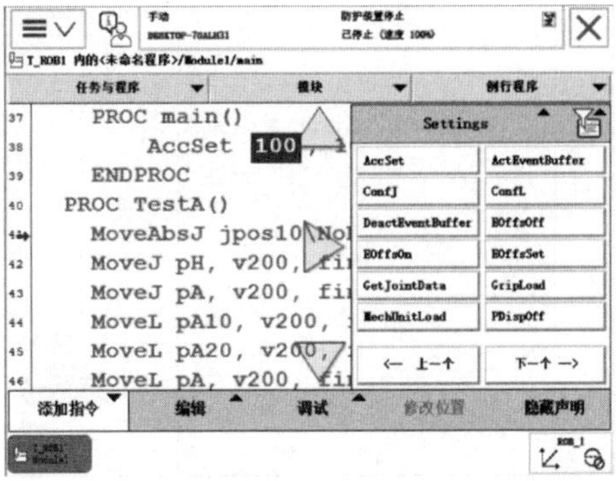

续表

序号	操作步骤	图片说明
4	如右图所示，点击"123 …"，输入"80"后，点击"确定"	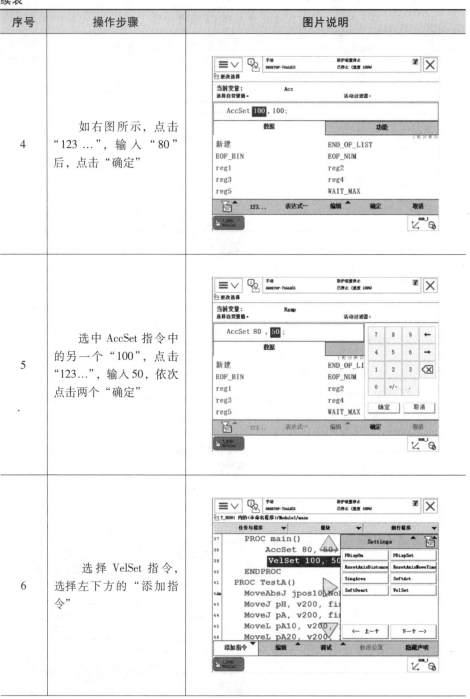
5	选中 AccSet 指令中的另一个"100"，点击"123…"，输入 50，依次点击两个"确定"	
6	选择 VelSet 指令，选择左下方的"添加指令"	

续表

序号	操作步骤	图片说明
7	选择 VelSet 指令中的"100"双击，点击"123…"将"100"改为"80"，将最大速度值"5 000"改为"300"，最后点击"确定"	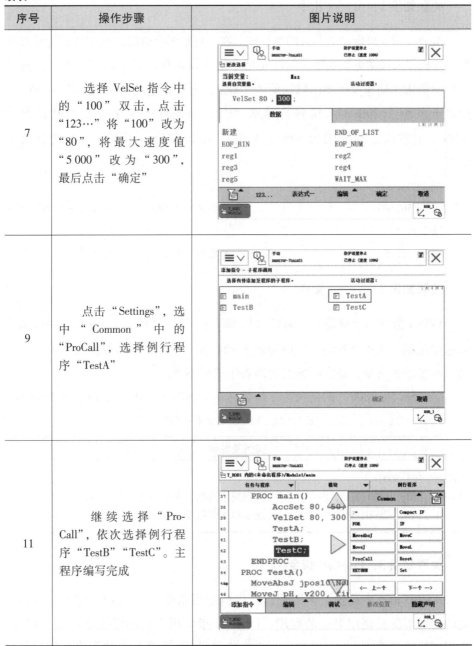
9	点击"Settings"，选中"Common"中的"ProCall"，选择例行程序"TestA"	
11	继续选择"ProCall"，依次选择例行程序"TestB""TestC"。主程序编写完成	

温馨提示：

在工业机器人系统中主程序 main 只允许存在一个。

关联知识 1：AccSet 指令

AccSet 指令可定义机器人的加速度。在处理脆弱负载时，可增加或降低加速度，使机器人移动更加顺畅。AccSet 指令用来设定移动指令的加速度、加速度变化率倍率。加速度倍率的默认值为 100%，允许设定的范围为 20% ~ 100%，如设定值小于 20%，系统将自动取 20%；加速度变化率倍率的默认值为 100%，允许设定的范围为 10% ~ 100%，如设定值小于 10%，系统将自动取 10%。

例 1：

AccSet 50，80；　　　　　　　　//加速度倍率为 50%，加速度变化率倍率为 80%

例 2：

AccSet 15，5；　　　　　　　　//加速度倍率为 20%，加速度变化率倍率为 10%

关联知识 2：VelSet 指令

VelSet 指令用于移动指令的速度倍率调节，以及指定轴、检查点的最大移动速度限制，该指令的编程实例如表 3 - 24 所示。如程序同时使用了轴速度限制、速度限制指令，则实际速度为两者中的较小值。

"VelSet 50，800" 的定义为：编程速率为 50%；TCP 速度超过 800 mm/s。

表 3 - 24　VelSet 指令编程实例

实例及说明
VelSet　50，800； MoveJ　p10，v1000，z10，tool1；　　　编程速率有效，实际速度为 500 mm/s MoveL　p10，v2000，z10，tool1；　　　速度最大值限制有效，实际速度为 800 mm/s

关联知识 3：ProcCall 指令

RAPID 语言中设置了调用例行程序的专用指令：ProcCall，它可在流程重复的情况下反复调用对应的程序。ProcCall 指令用于调用已建立的例行程序。当程序执行到该指令时，将执行完整的被调用例行程序。当执行完此例行程序后，程序将继续执行调用后的指令语句。

Procedure 类型的程序没有返回值，可以用 ProcCall 指令直接调用；Function 类型的程序有特定类型的返回值，必须通过表达式调用；Trap 例行程序不能在程序中直接调用。

实施过程2：调试主程序 main

调试主程序 main 与调试其他例行程序一样，在示教器操作界面"调试"菜单的"调用例行程序"中选择 main 主程序，选中 main 主程序第一行，点击"PP 移至光标"。然后将编程速率调至 50%，然后按下使能器按钮，电动机上电，点击示教器上"连续"按钮，之后注意观察工业机器人的运行轨迹是否合理。

❖ 实施步骤2：工业机器人的自动运行

实施过程1：实施前的检查

（1）检查工业机器人运动轨迹内是否有人员或干扰物体。
（2）检查各电缆线外观及连接是否完好。
（3）检查工作台工装夹具是否牢固。

实施过程2：完成工业机器人的自动运行

按照表3－25的操作步骤，完成工业机器人多功能操作台轨迹模块图形轨迹的自动运行。

表3－25　工业机器人自动运行的操作步骤

序号	操作步骤	图片说明
1	如右图所示，点击"自动生产窗口"	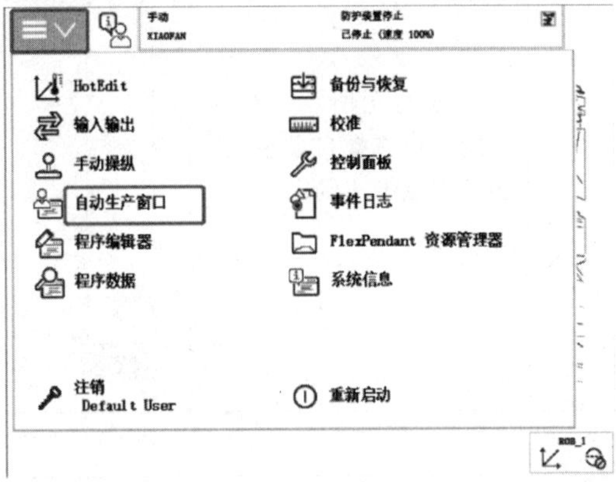

续表

序号	操作步骤	图片说明
2	依次点击"PP 移至 Main""是"	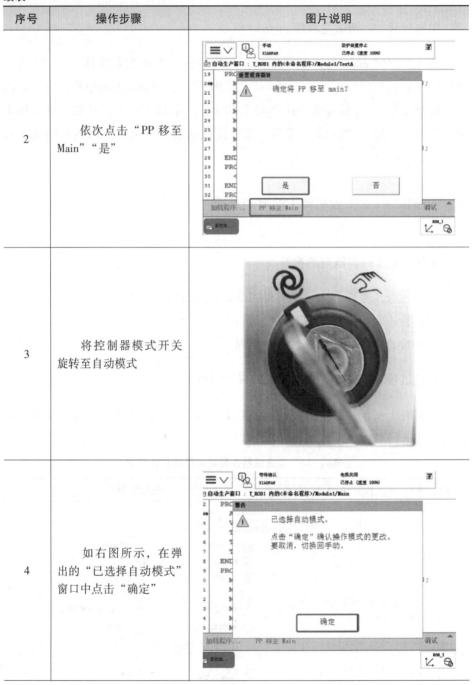
3	将控制器模式开关旋转至自动模式	
4	如右图所示，在弹出的"已选择自动模式"窗口中点击"确定"	

续表

序号	操作步骤	图片说明
5	如右图所示，按下控制器上的"电机上电"按钮	
6	在状态栏中确认模式是否为自动模式，电动机是否已经开启	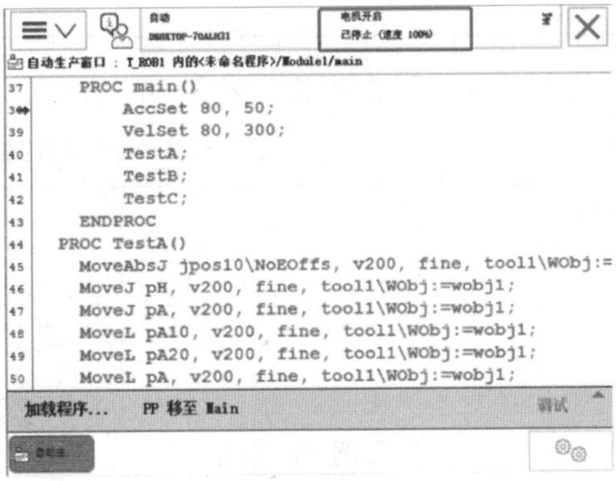
7	按下示教器上的"连续"按钮后机器人开始自动运行	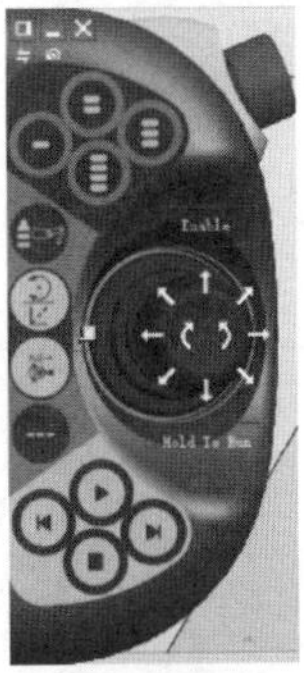

温馨提示：

（1）自动运行时默认运行速度为100%，在按下"连续"按钮之前，可以通过示教器右下角的速度调节菜单设置需要的速度比例。

（2）自动运行完成后，可以直接将控制器运行模式开关旋转到手动模式，即可退出自动运行模式。

知识拓展

新建例行程序"Test2",输入表3-26中的程序,然后运行程序,观察程序运行的情况。

表3-26　程序清单

程序及说明	
Test2;	例行程序名称
FOR i FROM 1 TO 2 DO;	循环2次
TestA;	子程序 TestA 重复调用

添加程序的操作步骤如表3-27所示。

表3-27　添加程序的操作步骤

序号	操作步骤	图片说明
1	打开例行程序"Test2",点击"添加指令"	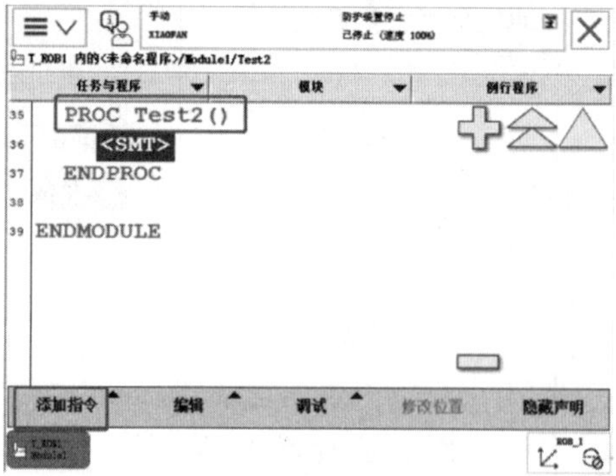
2	选择"FOR"循环指令	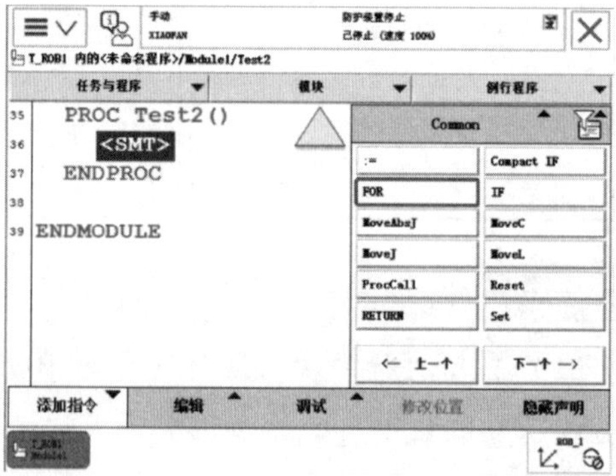

续表

序号	操作步骤	图片说明
3	选中"＜ID＞"，将其改为"i"，然后点击"确定"	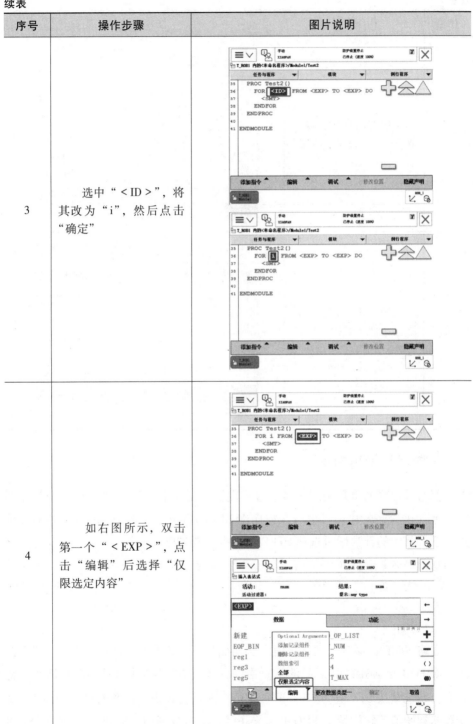
4	如右图所示，双击第一个"＜EXP＞"，点击"编辑"后选择"仅限选定内容"	

续表

序号	操作步骤	图片说明
5	如右图所示，输入数字"1"，点击"确定"	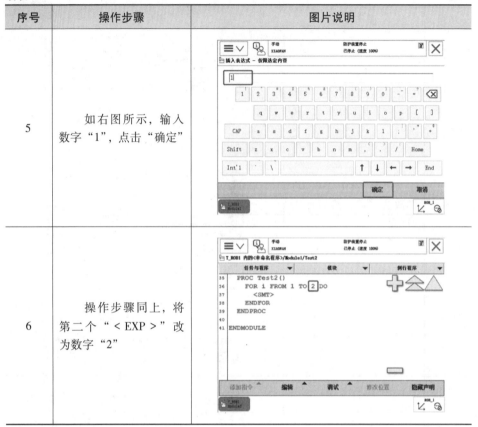
6	操作步骤同上，将第二个"＜ EXP ＞"改为数字"2"	

关联知识：FOR 指令

普通子程序的重复调用，可通过重复执行循环指令 FOR 来实现，子程序调用指令（子程序名称）可编写在程序 FOR 至 ENDFOR 间。FOR 指令的编程格式如下，其中的计数增量选项 STEP 可根据需要省略或添加。

FOR ＜循环变量＞FROM ＜初始值＞TO ＜终止值＞［STEP ＜步长＞］DO

    子程序调用   //重复执行指令

    …

    ENDFOR   //重复执行指令结束

省略 STEP 选项时，如终止值大于初始值，系统默认 STEP 值为 1，即每执行一次 FOR 至 ENDFOR 之间的重复指令，计数值将自动加 1；如终止值小于初始值，系统默认 STE 值为 -1，即每执行一次重复指令，计数值将自动减 1；如计数器初始值不在初始值 FROM 和终止值 TO 的范围内，将跳过 FOR 至 END-

FOR 之间的重复指令。

例如，如计数器 i 的初始值为 1，则子程序 rWelding 可连续调用 10 次，完成后执行指令 Reset do1；如计数器 i 的初始值为 5，则子程序 rWelding 可连续调用 5 次，完成后执行指令 Reset do1；如计数器 i 的初始值小于 1 或大于 10，则跳过子程序 rWelding，直接执行指令 Reset dol。

```
FOR i FROM 1 TO 10 DO
rWelding;                                    //子程序 rWelding 重复调用
ENDFOR
Reset do1；
```

任务评价

各小组在实训课程结束后，老师根据各小组的实际完成情况在表 3 - 28 中进行评价。

表 3 - 28　实训课程完成情况评价表

序号	评分项目	得分/分	总分/分
1	轨迹模块 main 主程序的编写		15
2	AccSet 指令使用的熟练度		15
3	VelSet 指令使用的熟练度		15
4	ProcCall 指令使用的熟练度		15
5	FOR 指令使用的熟练度		15
6	工业机器人自动运行操作的熟练度		15
7	操作设备是否符合安全规程		10
总分/分			100

任务拓展

1. 举例说明 AccSet 与 VelSet 指令分别是如何使用。

_____

_____

2. 新建例行程序 Test5，将"TestB"调用 5 次，并完成运行调试。

_____

_____

项目四
工业机器人码垛编程与操作实践

项目描述

  本项目以图4-1中ABB机器人多功能操作台中码垛模块为学习载体，把ABB机器人I/O配置、程序数据、码垛常用编程指令的使用等融入项目实施当中，让学员在做中学、学中做，在学做一体的过程中，掌握工业机器人码垛编程与操作实践。

图4-1　码垛模块

知识目标

  ◆ 能够知道工业机器人码垛工作站的组成以及常见码垛形式。

  ◆ 能够知道ABB机器人I/O的配置方法。

  ◆ 能够知道ABB机器人的程序数据类型和定义。

  ◆ 能够知道Set指令（输出控制指令）、Reset指令、WaitTime指令（定时等待指令）、WaitDI指令（DI信号等待指令）等指令的使用方法。

  ◆ 能够知道Offs函数（位置偏置函数）的使用方法。

◆ 能够知道 While 指令（循环指令）、IF 指令（条件判断指令）的使用方法。

 能力目标

◆ 能够使用示教器完成码垛工作站 I/O 配置以及其快捷键设置。

◆ 能够使用 Set、Reset、WaitTime、WaitDI 等指令编写工业机器人程序。

◆ 能够使用 Offs 函数编写工业机器人程序。

◆ 能够使用 While、IF 指令编写工业机器人程序。

素质目标

◆ 学员具备"7S"现场管理意识。

◆ 学员具备团队协作与沟通的能力。

◆ 学员具备分析和解决问题的能力。

▶ 任务1 工业机器人码垛工作站的组成 ◀

任务导入

如图 4-2 是工业机器人多功能工作台码垛工作站主要组成部件。码垛工作站需要工业机器人与相应的辅助设备组成一个柔性化系统后才能进行码垛作业。操作者通过示教器进行码垛机器人运动位置和动作程序的示教，设定运动速度、码垛参数等。

任务目标

◆ 知道码垛机器人的分类与特点。

◆ 知道常见的码垛方式。

◆ 知道码垛工作站系统的基本组成。

◆ 知道码垛工具的分类。

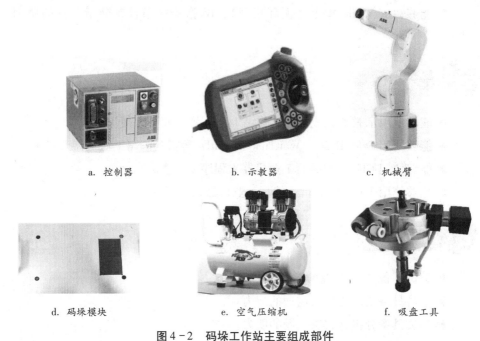

a. 控制器　　　　　b. 示教器　　　　　c. 机械臂

d. 码垛模块　　　　e. 空气压缩机　　　　f. 吸盘工具

图4-2　码垛工作站主要组成部件

任务实施

任务实施指引

首先组织学员观看工业机器人的码垛视频，然后学员在老师的指导下观察工业机器人多功能工作台码垛工作站的组成，并了解每个部件的名称与作用，最后学员结合老师的讲解与教材内容了解工业机器人码垛工作站常见系统组成。通过启发式教学，激发学员的学习兴趣与学习主动性。

❖ **实施步骤1：认识码垛机器人**

观看工业机器人码垛视频后，各小组思考并讨论视频中看到的码垛机器人的类型及其使用的工具的类型。

关联知识1：码垛机器人分类

码垛机器人作为工业机器人当中的一员，其结构形式和其他类型的工业机器人相似（尤其是搬运机器人），码垛机器人与搬运机器人在本体结构上没有过多的区别，通常上码垛机器人本体比搬运机器人大。在实际生产当中码垛机器人多为4轴且多数带有辅助连杆，其连杆主要起增加力矩和平衡的作用。码垛机器人多不能进行横向或纵向移动，一般安装在物流线末端。如图4-3，根据码垛机构的不同，码垛机器人可分为关节式码垛机器人、直角式码垛机器人。

a. 关节式码垛机器人   b. 直角式码垛机器人

图4-3 码垛机器人分类

关节式码垛机器人常见的本体多为4轴，也有5轴和6轴的，但在实际码垛物流线中5轴、6轴的码垛机器人相对较少。码垛主要在物流线末端进行，码垛机器人安装在底座（或固定座上），其位置的高低由生产线高度、托盘高度及码垛层数共同决定。多数情况下，码垛工作对精度的要求没有机床上下料工作那么高，4轴码垛机器人足以满足日常码垛要求。

如图4-4所示为 KUKA、FANUC、ABB、YASKAWA 等品牌相应的码垛机器人的本体结构。

a. KUKA KR 700PA   b. FANUCM-410iB   c. ABB IRB 660   d. YASKAWA MPL 80

图4-4 KUKA、FANUCM、YASKAWA、YASKAWA 等品牌相应的码垛机器人的本体结构

直角式码垛机器人主要由 x 轴、y 轴和 z 轴组成，多数采用模块化结构，可根据负载位置、大小等选择对应直线运动单元以及组合结构形式。如果在直角式码垛机器人的移动轴上添加旋转轴，该直角式码垛机器人就成了4轴或5轴码垛机器人。此类机器人具有较高的强度和稳定性，负载能力大，可以码垛大物料、重吨位物件，且编程操作简单。

关联知识 2：码垛机器人的特点

码垛机器人作为智能化码垛设备，具有作业高效、码垛稳定等优点，可把工人从繁重体力劳动中解放出来，已在各个行业的包装物流线中发挥重大作用。归纳起来，码垛机器人主要有以下几个方面的优点。

（1）占地面积小，动作范围大，减少厂源浪费。

（2）能耗低，可降低运行成本。

（3）提高生产效率，实现"无人"或"少人"码垛。

（4）改善工人劳作条件。

（5）柔性高、适应性强，可实现不同物料码垛。

（6）定位准确，稳定性高。

关联知识 3：码垛机器人的末端执行器

码垛机器人的末端执行器是夹持物品移动的一种装置，常被称为"手爪"，其常见形式有吸附式、夹板式、抓取式、组合式。

1. 吸附式

吸附式主要有气吸附和磁吸附（见项目一任务 2）

2. 夹板式

夹板式手爪是码垛过程中最常用的一类手爪，常见的有单板式和双板式（如图 4-5 所示）。夹板式手爪夹持力度比吸附式手爪大，可一次码一箱（盒）或多箱（盒），并且两侧板光滑不会损伤码垛产品外观质量。单板式与双板式的侧板一般都会有可旋转爪钩，需单独机构控制，工作状态下爪钩与侧板呈90°，有撑托物件防止物料在高速运动中脱落的作用。

a. 单板式　　　　　　　　　b. 双板式

图 4-5　夹板式手爪

3. 抓取式

抓取式手爪可灵活适应不同形状内含物（如大米、水泥、化肥等）物料袋的码垛。图 4-6 所示为 ABB 公司 IRB 460 码垛机器人和 IRB 660 码垛机器人配套的专用即插即用 FlexGripper 抓取式手爪。它采用不锈钢制作，可胜任极端条件下作业的要求。

图 4-6　抓取式手爪

4. 组合式

组合式手爪是通过组合以获得各单组手爪优势的一种手爪，灵活性较大。各单组手爪既可单独使用又可配合使用，可同时满足多种类型工位的码垛。如图 4-7 所示为 ABB 公司 IRB 460 码垛机器人和 IRB 660 码垛机器人配套的专用即插即用 FlexGripper 组合式手爪。

吸盘
爪钩

图 4-7　组合式手爪

码垛机器人手爪的动作需有单独外力进行驱动，需要连接相应外部信号控制装置及传感系统，以控制码垛机器人手爪实时的动作状态及力的大小，其手爪驱动方式为气动和液压驱动两种。通常在保证相同夹紧力的情况下，气动驱动系统比液压驱动系统负载轻、卫生、成本低、易获取，实际码垛中以压缩空气为驱动力的居多。

❖ **实施步骤 2：认识码垛方式**

给各小组发放 4 块码垛模块中的物料，然后让小组思考讨论一共可以通过几种方式将这些物料码垛起来。

关联知识：码垛方式

工业应用中，常见的机器人码垛方式有 4 种：重叠式、正反交错式、纵横交错式和旋转交错式（如图 4-8 所示）。

 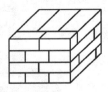 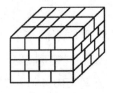 

a. 重叠式   b. 正反交错式   c. 纵横交错式   d. 旋转交错式

图4-8 常见码垛方式

各码垛方式的说明及特点如表4-1所示。

表4-1 各码垛方式的说明及特点

码垛方式	说明	优点	缺点
重叠式	该方式各层码放方式相同,上下对应,各层之间不交错堆码,是机械作业的主要形式之一,适用硬质、整齐的物品包装	码垛简单,堆垛时间短;承载能力大;托盘可以得到充分利用	不稳定,容易塌垛;堆垛形式单一,美观程度低
正反交错式	该方式同一层中,不同列的货物以90°垂直码放,而相邻两层之间相差180°。这种方式类似于建筑上的砌砖方式	不同层间咬合强度较高,稳定性高,不易塌垛;美观程度高;托盘可以得到充分利用	堆垛相对复杂,堆垛时间相对加长;码垛物品之间相互挤压,下部分的容易被压坏
纵横交错式	该方式相邻两层货物的摆放旋转90°,一层横向放置,另一层纵向放置,纵横交错码垛	堆垛简单,堆垛时间相对较短;托盘可以得到充分利用	不稳定,容易塌垛;堆垛形式相对单一,美观程度相对较低
旋转交错式	该方式第一层中每两个相邻的包装体互为90°,相邻两层间码放又相差180°,相邻两层之间相互咬合交叉	稳定性高,不易塌垛;美观程度高	中间形成空穴,降低托盘利用率;码垛相对复杂,堆垛时间相对较长

❖ 实施步骤3:认识工业机器人码垛工作站主要组成部件

    各小组观察工业机器人多功能工作台,说说工作台中码垛工作站由哪些部件组成,并将部件名称填写在表4-2中。

表4-2　码垛工作站的主要组成部件

序号	名称
1	
2	
3	
4	
5	

关联知识1：码垛工作站主要组成部件

码垛工作站主要组成部件有机械臂、控制器、示教器、码垛作业系统和周边设备。

其中，常见的周边设备有金属检测机、重量复检机、自动剔除机、倒袋机、整形机、待码输送机、传送带等装置。

1. 金属检测机

对于有些码垛场合，像食品、医药、化妆品、纺织品等的码垛，为防止生产制造过程中混入金属，需要金属检测机进行流水线检测，金属检测机如图4-9所示。

2. 重量复检机

重量复检机在自动化码垛流水作业中起着重要作用，其可以检测出前工序是否漏装、多装，以及对合格品、欠重品、超重品进行统计，进而控制产品质量（如图4-10所示）。

图4-9　金属检测机　　　　　　　图4-10　重量复检机

3. 自动剔除机

自动剔除机安装在金属检测机和重量复检机之后，主要用于剔除含金属异物及重量不合格的产品（如图4-11所示）。

4．倒袋机

倒袋机是将输送过来的袋装码垛物按照预定程序进行输送、倒袋、转位等操作，以使码垛物按流程进入后续工序（如图 4 - 12 所示）。

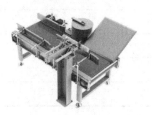

图 4 - 11　自动剔除机　　　　　图 4 - 12　倒袋机

5．整形机

整形机主要对袋装码垛物进行外形整形，经整形机整形后的袋装码垛物内的积聚物会均匀分散，外形变得整齐，之后进入后续工序（如图 4 - 13 所示）。

6．待码输送机

待码输送机是码垛机器人生产线的专用输送设备，码垛货物聚集于此，便于码垛机器人末端执行器抓取，可提高码垛机器人的灵活性（如图 4 - 14 所示）。

图 4 - 13　整形机　　　　　图 4 - 14　待码输送机

7．传送带

传送带是自动化码垛生产线上必不可少的一个设备，针对不同的条件可选择不同的传输带形式（如图 4 - 15 所示）。

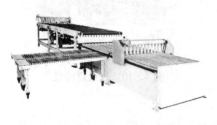

a．组合式　　　　　　　　　b．转弯式

图 4 - 15　传送带

任务拓展

1. 常见码垛机器人的末端执行器有哪些？它们分别适用于哪些物件的码垛？

2. 常见码垛方式有几种？分别是什么？各有什么优点和缺点？

▶ 任务2 配置工业机器人系统的 I/O 信号 ◀

任务导入

图 4 - 16 中工业机器人是如何控制码垛物料的吸附与释放的呢？工业机器人为操作者提供了丰富的通信接口，操作者可以通过各接口接线地址来定义相应的 I/O 信号，以便工业机器人与周边设备之间实现相互通信。

图 4 - 16 工业机器人码垛物料

任务目标

◆ 了解 ABB 机器人标准 I/O 板。

◆ 能够完成 DSQC 652 标准 I/O 板的配置。

◆ 能够配置并查看 I/O 信号。

◆ 能够配置 I/O 信号快捷键。

◆ 能够按照要求完成工作台码垛模块的 I/O 配置。

任务实施

任务实施指引

　　在老师的指导下，学员通过示教器配置好的快捷键实现吸盘吸附与释放，体验 I/O 信号的使用，然后老师引导学员逐步学习 ABB 机器人标准 I/O 板的类型与结构、I/O 板的配置、I/O 信号的配置等，最终老师要求学员完成多功能工作台码垛模块 I/O 信号的配置。通过启发式教学，激发学员的学习兴趣与学习主动性。

❖ **实施步骤 1：配置标准 I/O 板**

　　学员结合表 4 - 3 操作步骤配置标准 I/O 板 DSQC 652。

表 4 - 3　配置标准 I/O 板 DSQC 652 的操作步骤

序号	操作步骤	图片说明
1	如右图所示，在示教器操作界面中单击"控制面板"	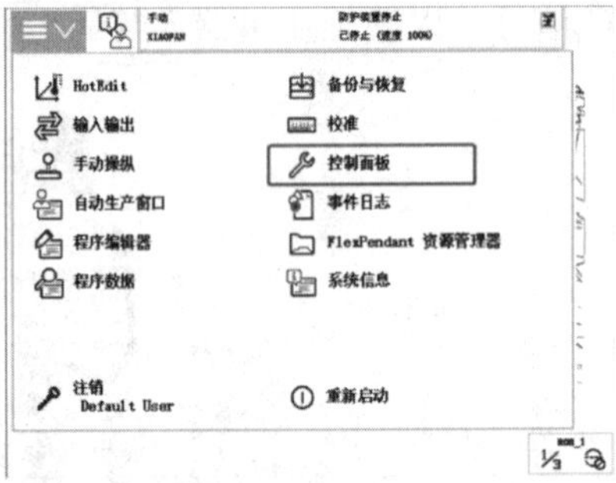
2	如右图所示，单击界面中的"配置"选项	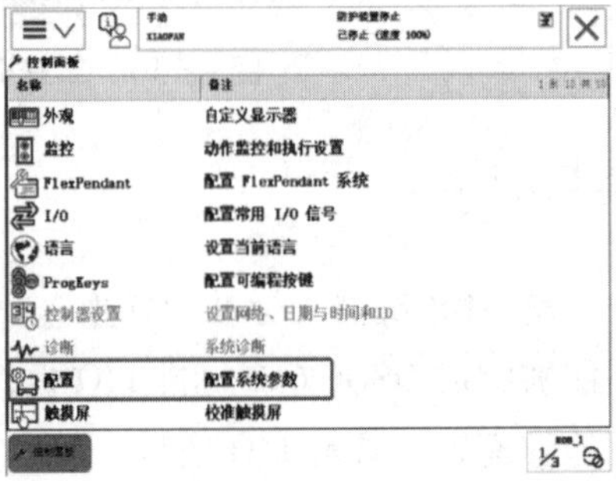

续表

序号	操作步骤	图片说明
3	双击"DeviceNet Device"	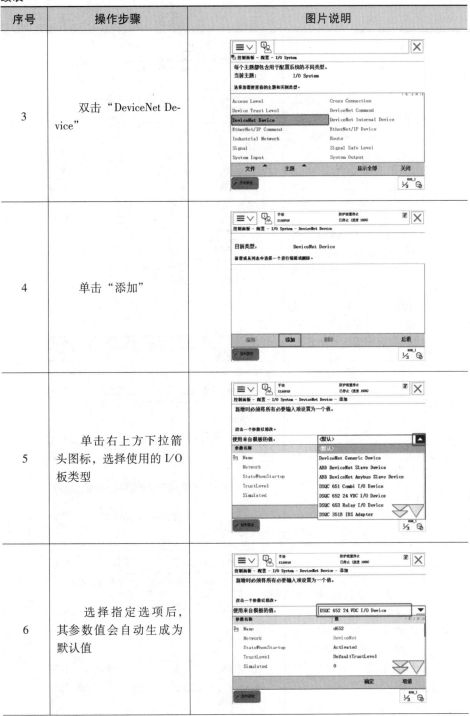
4	单击"添加"	
5	单击右上方下拉箭头图标,选择使用的I/O板类型	
6	选择指定选项后,其参数值会自动生成为默认值	

续表

序号	操作步骤	图片说明
7	如右图所示，点击翻页箭头，下翻界面，找到"Address"选项	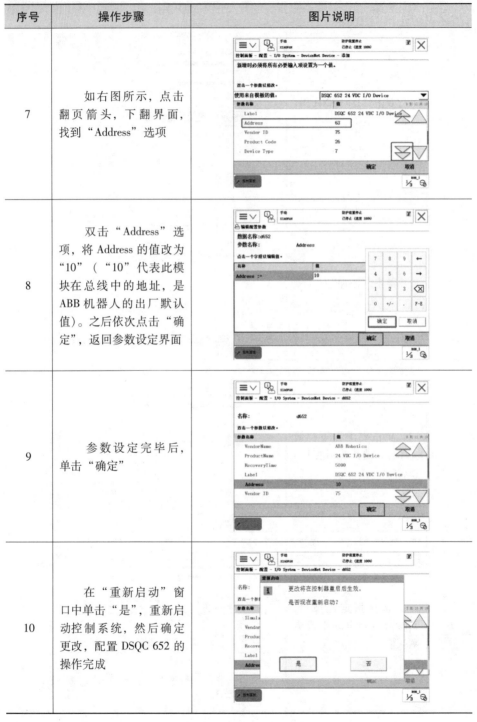
8	双击"Address"选项，将 Address 的值改为"10"（"10"代表此模块在总线中的地址，是 ABB 机器人的出厂默认值）。之后依次点击"确定"，返回参数设定界面	
9	参数设定完毕后，单击"确定"	
10	在"重新启动"窗口中单击"是"，重新启动控制系统，然后确定更改，配置 DSQC 652 的操作完成	

关联知识 1：工业机器人的通信方式

ABB 机器人拥有丰富的 I/O 接口，ABB 机器人可通过 I/O 接口与外部设备进行交互。ABB 机器人的标准 I/O 板提供的常用信号有：数字量输入 DI（digital Input），数字量输出 DO（digital output），组输入 GI（group input），组输出 GO（group output），模拟量输入 AI（analog input），模拟量输出 AO（analog output）。

ABB 机器人常见的通信方式如表 4 - 4 所示，其中 RS232 通信、OPC server、Socket message 是 ABB 机器人与 PC 通信时的通信协议。与 PC 进行通信时需在 PC 端下载 PC SDK，添加"PC - INTERFACE"选项后方可使用，而 DeviceNet、Profibus、Profibus - DP、Profinet、EtherNet IP 则是不同厂商推出的现场总线协议，根据需求进行选配，使用合适的现场总线。如果使用 ABB 机器人标准 I/O 板，就必须有 DeviceNet 的现场总线通信方式。

表 4 - 4　ABB 机器人常见的通信方式

通信协议	现场总线协议	ABB 机器人标准
RS232 通信	DeviceNet	标准 I/O 板
OPC Server	Profibus	PLC
Socket message	Profibus - DP	
	Profinet	
	EtherNet IP	

关联知识 2：ABB 机器人常见标准 I/O 板

ABB 机器人提供了多种型号的标准 I/O 板（如表 4 - 5 所示）。IRB 1200 机器人标配为 DSQC 652。

表 4 - 5　ABB 机器人常用标准 I/O 板

序号	型号	说明
1	DSQC 651	分布式 I/O 模块； 8 位数字量输入，8 位数字量输出，2 位模拟量输出

续表

序号	型号	说明
2	DSQC 652	分布式 I/O 模块； 16 位数字量输入，16 位数字量输出
3	DSQC 653	分布式 I/O 模块； 8 位数字量输入，8 位数字量输出，带继电器
4	DSQC 355A	分布式 I/O 模块； 4 位模拟量输入，4 位模拟量输出
5	DSQC 377A	输送链跟踪单元

关联知识 3：标准 I/O 板 DSQC 652

标准 I/O 板 DSQC 652，主要提供 16 位数字量输入信号和 16 位数字量输出信号的处理，其模块接口的说明如图 4 - 17 所示。

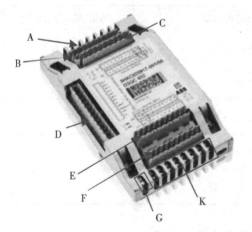

A: 信号输出指示灯
B: X1数字输出接口
C: X2数字输出接口
D: X5 DeviceNet接口
E: X4数字输入接口
F: X3数字输入接口
G: 模块状态指示灯
K: 数字输入信号指示灯

图 4 - 17　DSQC 652 的模块接口

DSQC 652 的 X1、X2、X3、X4、X5 接口连接说明如下。

X1 接口包括 8 个数字量输出接口，其地址分配如表 4 - 6 所示。

表 4 - 6　DSQC 652 X1 接口的地址分配

X1 接口编号	使用定义	地址分配
1	OUTPUT CH1	0

续表

X1 接口编号	使用定义	地址分配
2	OUTPUT CH2	1
3	OUTPUT CH3	2
4	OUTPUT CH4	3
5	OUTPUT CH5	4
6	OUTPUT CH6	5
7	OUTPUT CH7	6
8	OUTPUT CH8	7

X2 接口包括 8 个数字量输入接口，地址分配如表 4 - 7 所示。

表 4 - 7　DSQC 652 X2 接口的地址分配

X2 接口编号	使用定义	地址分配
1	OUTPUT CH1	8
2	OUTPUT CH2	9
3	OUTPUT CH3	10
4	OUTPUT CH4	11
5	OUTPUT CH5	12
6	OUTPUT CH6	13
7	OUTPUT CH7	14
8	OUTPUT CH8	15

X3 接口包括 8 个数字量输入接口，其地址分配如表 4 - 8 所示。

表 4 - 8　DSQC 652 X3 接口的地址分配

X3 接口编号	使用定义	地址分配
1	INPUT CH1	0

续表

X3 接口编号	使用定义	地址分配
2	INPUT CH2	1
3	INPUT CH3	2
4	INPUT CH4	3
5	INPUT CH5	4
6	INPUT CH6	5
7	INPUT CH7	6
8	INPUT CH8	7

X4 接口包括 8 个数字量输入接口，其地址分配如表 4 - 9 所示。

表 4 - 9　DSQC 652 X4 接口的地址分配

X4 接口编号	使用定义	地址分配
1	INPUT CH9	8
2	INPUT CH10	9
3	INPUT CH11	10
4	INPUT CH12	11
5	INPUT CH13	12
6	INPUT CH14	13
7	INPUT CH15	14
8	INPUT CH16	15

标准 I/O 板 DSQC 652 是挂在 DeviceNet 现场总线下的设备，通过 X5 端口与 DeviceNet 现场总线进行通信，X5 使用定义如表 4 - 10 所示。

表 4 - 10　DSQC 652 X5 接口的使用定义

X5 接口编号	使用定义
1	0V BLACK

续表

X5 接口编号	使用定义
2	CAN 信号线 low BLUE
3	屏蔽线
4	CAN 信号线 high WHITE
5	24V RED
6	GND 地址选择公共端
7	模块 ID bit0（LSB）
8	模块 ID bit1（LSB）
9	模块 ID bit2（LSB）
10	模块 ID bit3（LSB）
11	模块 ID bit4（LSB）
12	模块 ID bit5（LSB）

其中，X5 接口编号 1～5 为 DeviceNet 接线端子，接口编号 6～12 的跳线用于决定模块在总线中的地址，地址可用范围为 10～63，接口编号 7～12 的地址分别对应 1、2、4、8、16、32。

❖ **实施步骤 2：配置 I/O 信号**

实施过程 1：确定 I/O 信息

在配置 I/O 信号之前，需要根据现场实际码垛情景确定需要的 I/O 数量以及对应 I/O 的信号映射的 I/O 板接线地址。通过查点码垛工作站电气说明书可以快速了解到所需要的信息。如图 4-18 是工业机器人多功能工作台码垛模块的 I/O 信息。

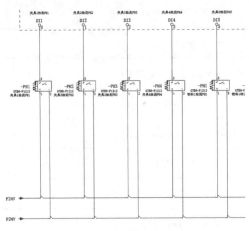

a. 夹具检测输入信号

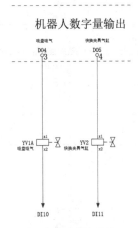

b. 机器人输出信号

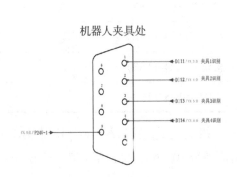

c. 夹具识别输入信号

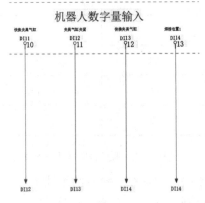

d. 夹具识别输入信号

图 4-18　工业机器人多功能工作台码垛模块的 I/O 信息

码垛模块工作需要的末端执行器为图 4-19 中的夹具——吸盘工具。

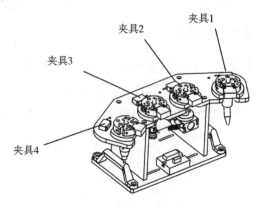

图 4-19　工业机器人多功能操作台工具库

在机器人装夹工具 3 之前，需要在工具库输入信号，告诉机器人 3 号工位上是否有工具；机器人装夹好工具后需要快换夹具装置，告诉机器人目前装夹的夹具 3 是否正确。

工业机器人多功能操作台码垛模块在完成对应的作业时需要如下表 4 - 11 中所示的 I/O 信号。

表 4 - 11　码垛模块 I/O 信号

序号	I/O 类型	I/O 定义	映射接线地址
1	DI3	工具 3 检测	2
2	DI13	工具 3 识别	12
3	DO4	吸盘气源开	3
4	DO5	快换夹具气缸松开	4

实施过程 2：配置 I/O 信号

根据码垛需要的 I/O 信息，配置对应的 I/O 信号，具体操作步骤如表 4 - 12 所示。

表 4 - 12　配置 I/O 信号的操作步骤

序号	操作步骤	图片说明
1	如右图所示，在示教器操作界面中单击"控制面板"	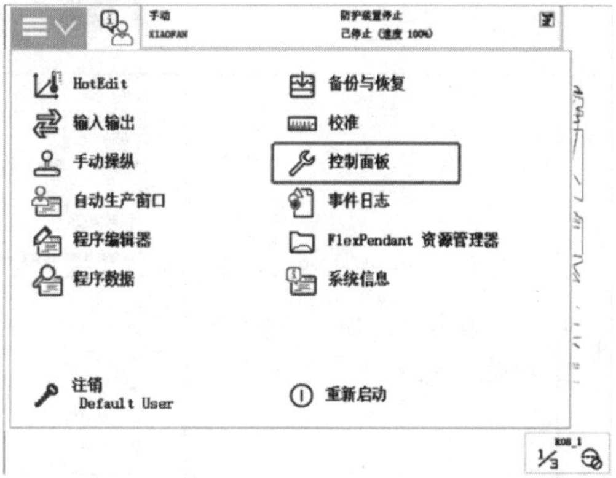

续表

序号	操作步骤	图片说明
2	单击"配置"	
3	在配置系统参数界面，双击"Signal"选项	
4	点击"添加"，进入参数设置界面	

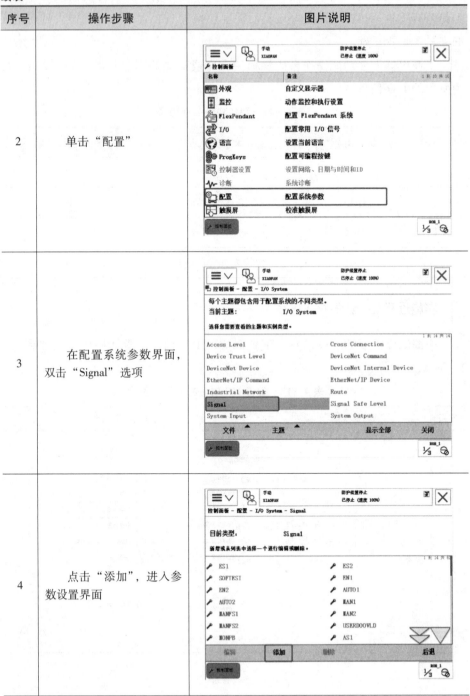

续表

序号	操作步骤	图片说明
5	双击 "Name"	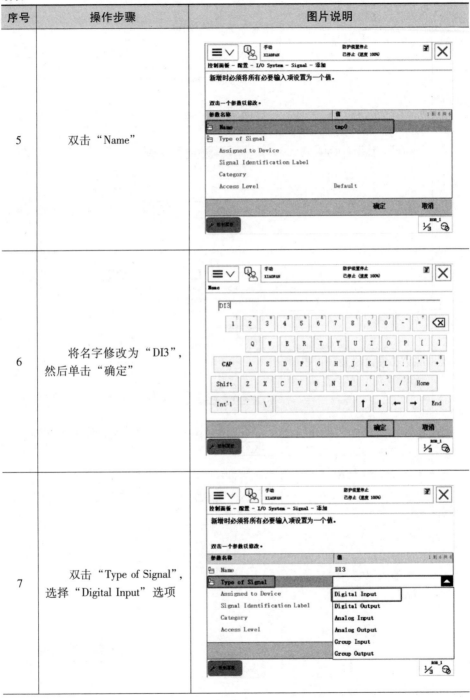
6	将名字修改为 "DI3"，然后单击 "确定"	
7	双击 "Type of Signal"，选择 "Digital Input" 选项	

续表

序号	操作步骤	图片说明
8	双击"Assigned to Device",选择"d652"	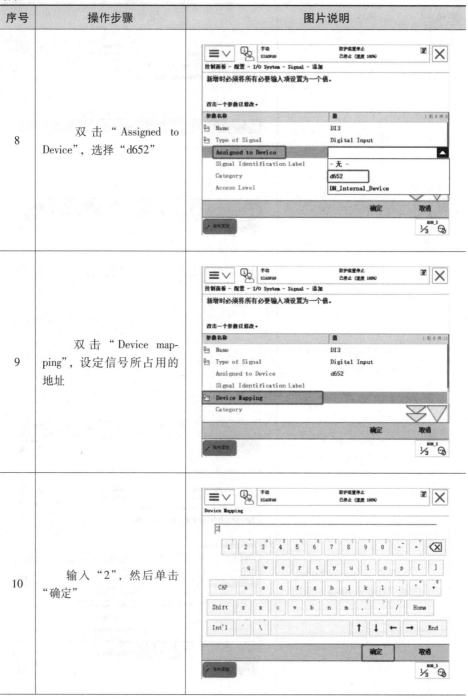
9	双击"Device mapping",设定信号所占用的地址	
10	输入"2",然后单击"确定"	

续表

序号	操作步骤	图片说明
11	所有参数设置完成后，点击"确定"	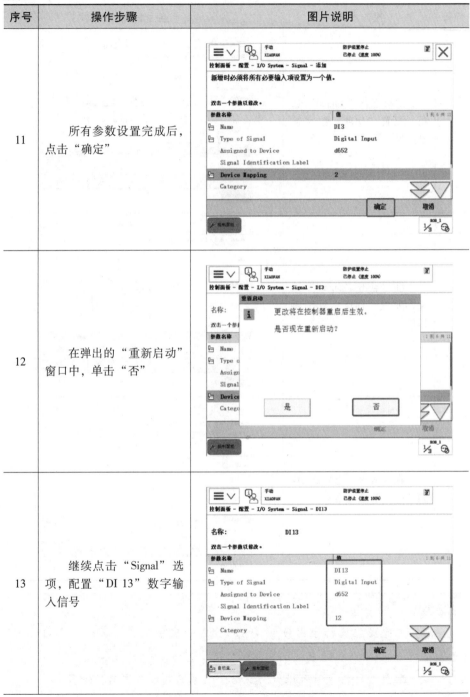
12	在弹出的"重新启动"窗口中，单击"否"	
13	继续点击"Signal"选项，配置"DI 13"数字输入信号	

续表

序号	操作步骤	图片说明
14	继续点击"Signal"选项，配置"DO4"数字输出信号	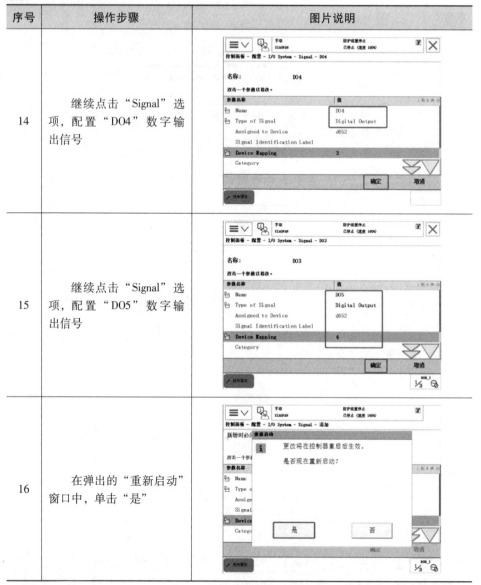
15	继续点击"Signal"选项，配置"DO5"数字输出信号	
16	在弹出的"重新启动"窗口中，单击"是"	

温馨提示：

（1）在完成配置标准 I/O 板 DSQC 652 的基础上，才可进行 I/O 信号配置。

（2）配置 I/O 信号时可以等所有信号配置完成后再重启控制器。

（3）DSQC 652 数字量 I/O 可选地址范围都是 0～15。

关联知识：I/O 信号配置说明

在映射 I/O 信号时，需要配置部分内容（如图 4 - 20 所示）。

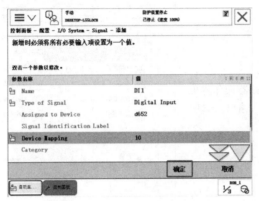

图 4 - 20　添加 I/O 信号配置项

其中各项内容见表 4 - 13。

表 4 - 13　在映射 I/O 信号时，需要配置的各项内容

序号	内容	说明
1	Name	设置 I/O 信号名称（必填项）
2	Type of Signal	设置 I/O 信号类型（必填项）
3	Assigned to Device	设置 I/O 信号所连接的 I/O 板（必填项）
4	Signal Identification Label	设置 I/O 信号标签
5	Device mapping	设置 I/O 信号引脚地址（必填项）
6	Category	设置 I/O 信号类别
7	Access Level	设置 I/O 信号权限等级

实施过程 3：检测 I/O 信号

I/O 信号配置完成后可以通过示教器来检测配置的 I/O 信号是否满足要求。对 I/O 信号进行检测的操作步骤如表 4 - 14 所示。

表 4 - 14　检测 I/O 信号的操作步骤

序号	操作步骤	图片说明
1	在示教器操作界面，单击"输入输出"选项	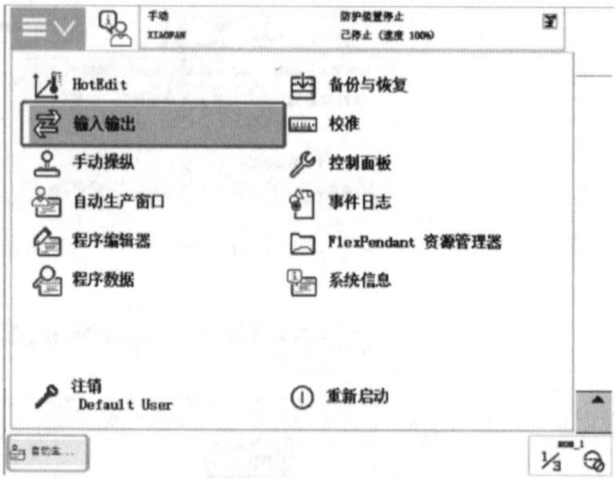
2	如右图所示，点击右下角的"视图"	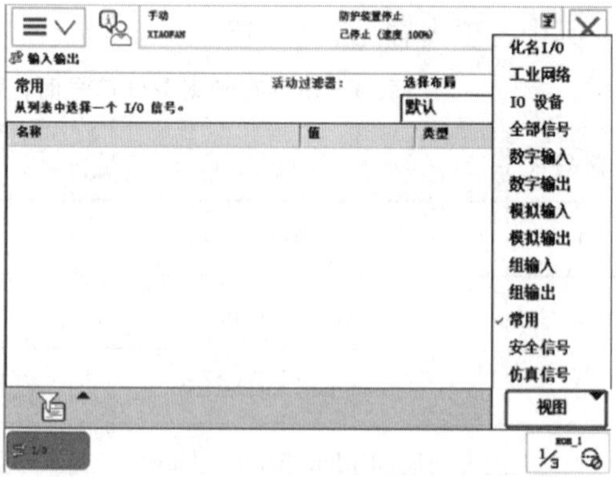
3	在"视图"展开界面中选择"IO 设备"选项	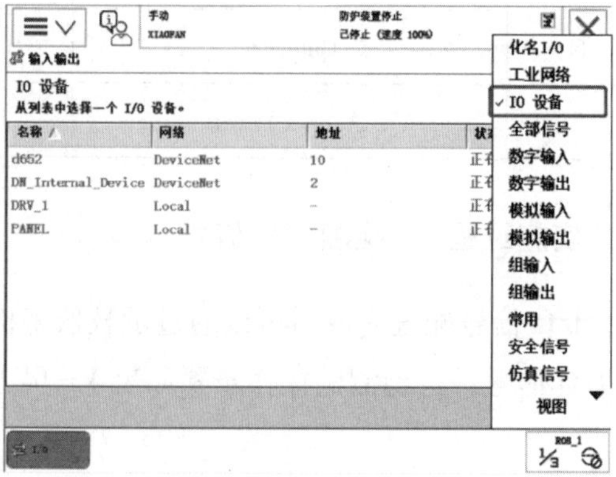

续表

序号	操作步骤	图片说明
4	选择"d652"后单击"信号"	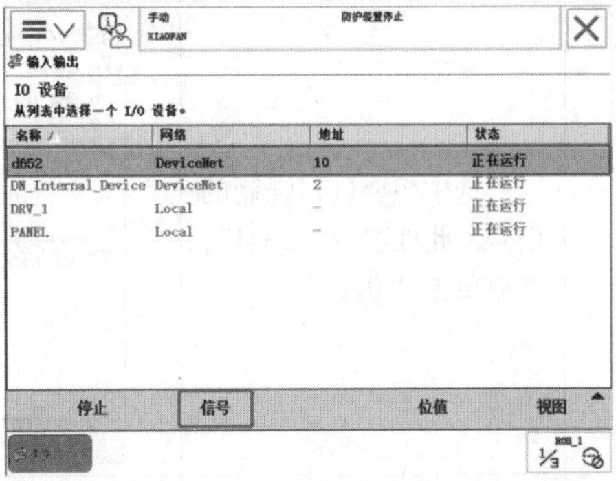
5	利用如右图所示的窗口可对信号进行检测,从中以看到之前定义过的信号	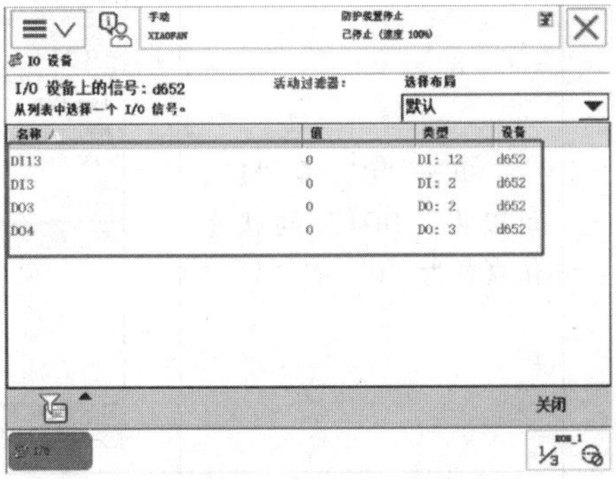

操作员在调试设备过程中,通常会对 I/O 信号强制置位和复位,从而进行测试及试运行,进而达到设备调试的要求。I/O 信号强制置位和复位的操作步骤如表 4-15 所示。

表 4-15 I/O 信号强制置位和复位的操作步骤

序号	操作步骤	图片说明
1	参照 I/O 信号检测的操作步骤,进入 I/O 信号检测窗口	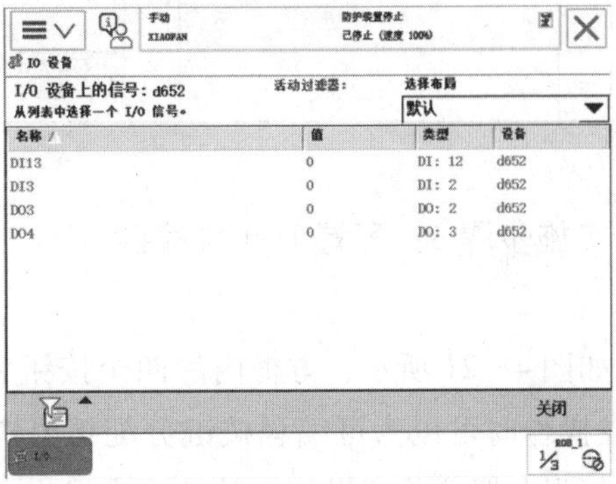

续表

序号	操作步骤	图片说明
2	选中想要进行强制的信号，此处选中"DO4"，然后单击"仿真"	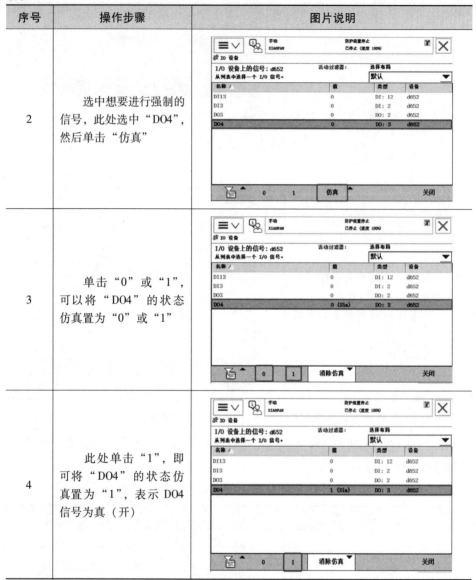
3	单击"0"或"1"，可以将"DO4"的状态仿真置为"0"或"1"	
4	此处单击"1"，即可将"DO4"的状态仿真置为"1"，表示 DO4 信号为真（开）	

❖ **实施步骤 3：配置 I/O 快捷键**

如图 4-21 所示，方框内的四个按钮为示教器可编程按键，分为按键 1~4，在操作时可以为可编程按键分配想要快捷控制的 I/O 信号，方便对 I/O 信号进行强制置位仿真操作，从而提高操作效率。

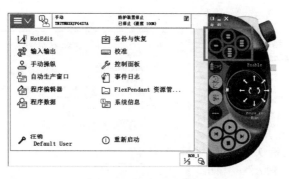

图4-21 可编程快捷键

设置I/O信号快捷键的操作步骤如表4-16所示。

表4-16 I/O信号快捷键的设置

序号	操作步骤	图片说明
1	在"主菜单"展开界面中,单击"控制面板"	
2	如右图所示,单击"ProgKeys"	

续表

序号	操作步骤	图片说明
3	在"配置可编程按键"的展开界面中，可以选择对按键1～4进行配置，点开如右图所示的下拉箭头可以看到"无""输入""输出"和"系统"等4种配置类型	
4	将键1设置为DO4信号的快捷键，因为DO4信号是输出信号，所以选择"输出"类型	
5	如右图所示，在"数字输出"中选中"DO4"，再在"按下按键"中选择"切换"，根据实际功能需求选择对应的按键功能模式	
6	点击"确定"，完成DO4信号快捷键的设置	

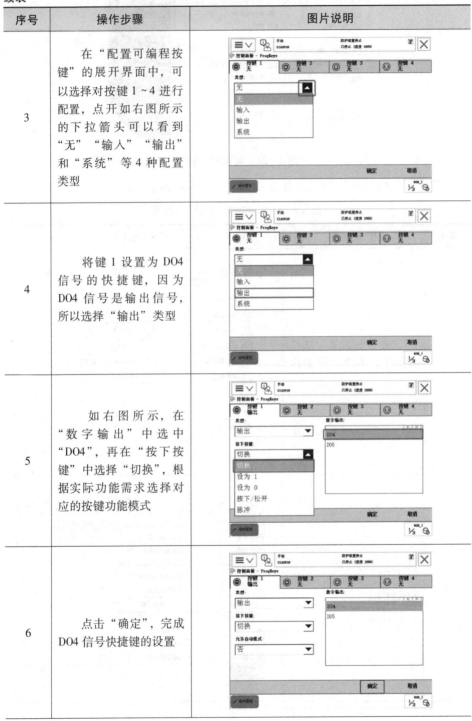

续表

序号	操作步骤	图片说明
7	用同样的方法将按键2设置为DO5信号的快捷键	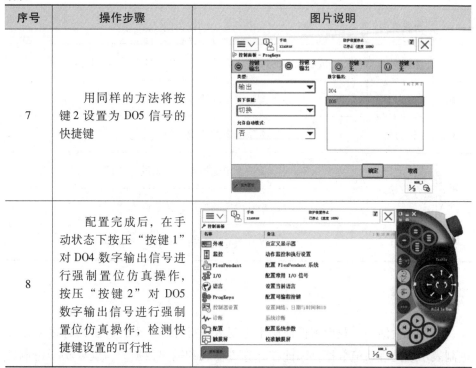
8	配置完成后，在手动状态下按压"按键1"对DO4数字输出信号进行强制置位仿真操作，按压"按键2"对DO5数字输出信号进行强制置位仿真操作，检测快捷键设置的可行性	

温馨提示：

示教器可编辑按键其余2个快捷键的设置方式与表4-16操作方法一样。

关联知识1：快捷键功能模式

可编程按键可设置为不同的按键功能模式（如图4-22所示），总共有5种按键功能模式，分别为"切换""设为1""设为0""按下/松开"和"脉冲"。各模式功能说明如表4-17所示。

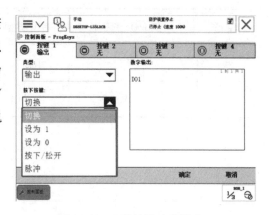

图4-22 5种按键功能模式

表4-17　按键功能模式说明表

序号	功能模式	功能说明
1	切换	按压设定的按键，信号将在"0"和"1"之间进行切换
2	设为1	按压设定的按键，信息设为"1"
3	设为0	按压设定的按键，信息设为"0"
4	按下/松开	长按设定的按键，信息设为"1"
		松开设定的按键，信息设为"0"
5	脉冲	按压设定的按键，输出一个脉冲

任务拓展

在日常生活中，我们习惯使用十进制数进行计算，而计算机内部多采用二进制表示或处理数值数据，因此在计算机输入和输出数据时，就要将十进制转换处理为二进制数据。把十进制数的每一位分别写成二进制形式的编码，称为二进制编码的十进制数，即二到十进制编码或 BCD 编码。

组输入信号就是将几个数字输入信号组合起来使用，用于输出 BCD 编码的十进制。例如配置表4-18中组 I/O 信号的操作步骤如表4-19所示。

表4-18　组 I/O 信号

序号	组 I/O 信号	信号类型	标准 I/O 板	映射地址
1	GI1	组输入	DSQC 652	0—7
2	GO1	组输出	DSQC 652	0—7

表 4-19　配置组 I/O 信号的操作步骤

序号	操作步骤	图片说明
1	进入"主菜单"展开界面，选择"控制面板"单击	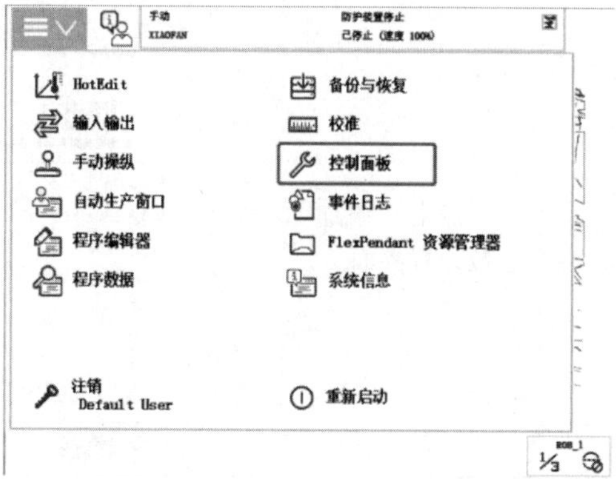
2	单击"配置"	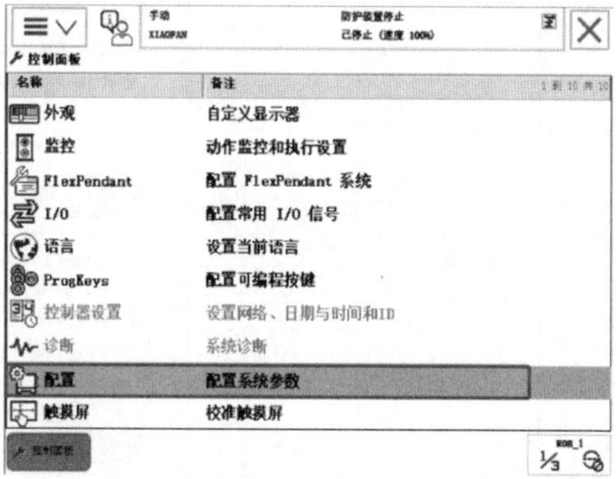
3	在"配置"的展开界面，双击"Signal"选项	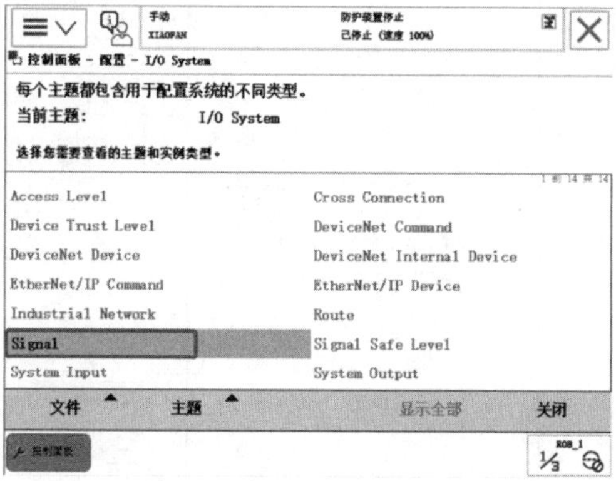

续表

序号	操作步骤	图片说明
4	点击"添加",进行参数设置界面	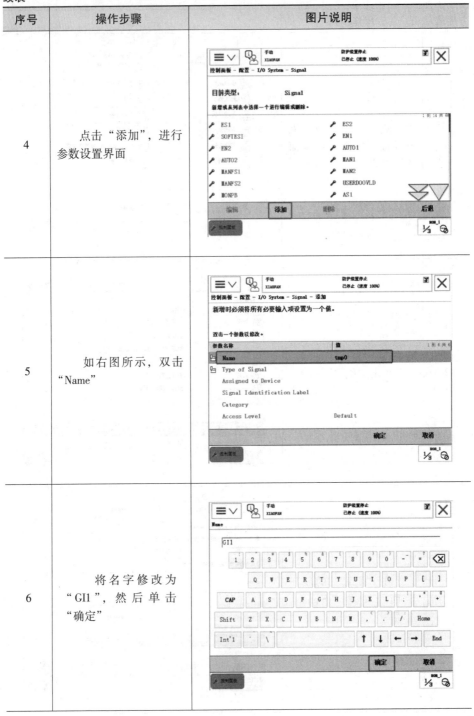
5	如右图所示,双击"Name"	
6	将名字修改为"GI1",然后单击"确定"	

续表

序号	操作步骤	图片说明
7	双击"Type of Signal"，选择"Group Input"选项	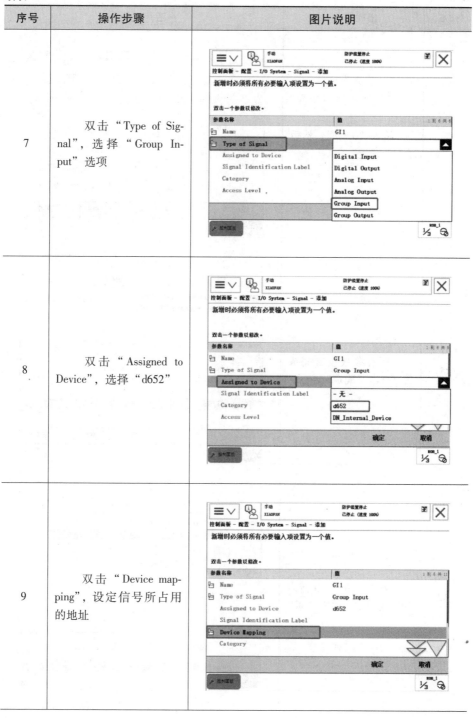
8	双击"Assigned to Device"，选择"d652"	
9	双击"Device mapping"，设定信号所占用的地址	

续表

序号	操作步骤	图片说明
10	输入"0-7"，然后单击"确定"	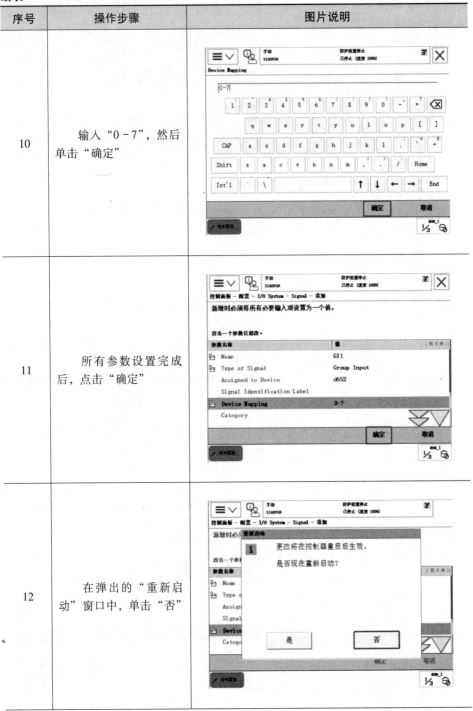
11	所有参数设置完成后，点击"确定"	
12	在弹出的"重新启动"窗口中，单击"否"	

续表

序号	操作步骤	图片说明
13	继续点击"Signal"选项，配置 GO1 数字输出信号，其操作步骤与 GI1 数字输入信号的配置的步骤基本一样，只需将名字改为"GO1"，在"Type of Signal"中选择"Group Output"选项	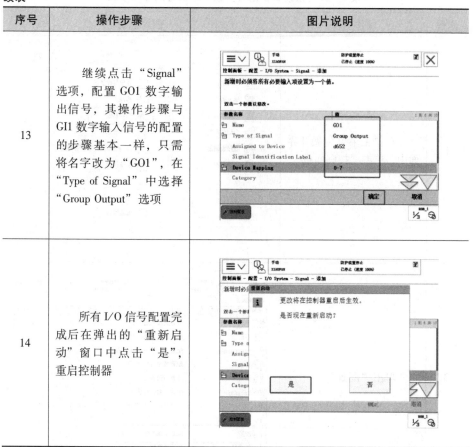
14	所有 I/O 信号配置完成后在弹出的"重新启动"窗口中点击"是"，重启控制器	

按照表 4-20 的要求配置系统 I/O 信号所关联的 I/O 信号，操作步骤如表 4-21 所示。

表 4-20　系统 I/O 信号所关联的 I/O 信号

序号	系统 I/O 信号	关联的 I/O 信号
1	Motors On	DI1
2	Emergency Stop	DO1

表 4-21　系统 I/O 信号关联 I/O 信号的操作步骤

序号	操作步骤	图片说明
1	在"主菜单"展开界面中，单击"控制面板"	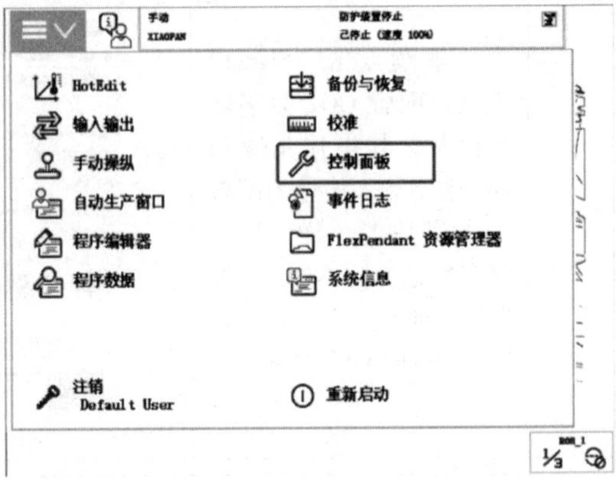
2	单击"配置"	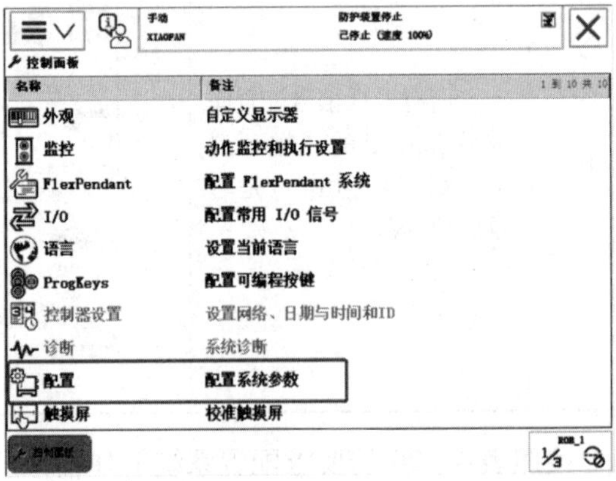
3	在配置界面，双击"System Input"选项	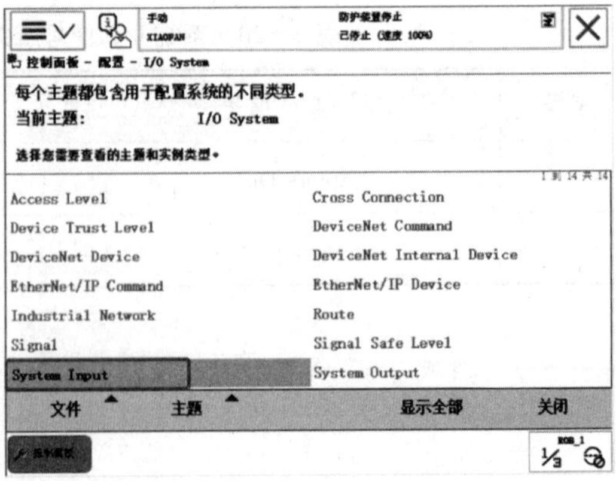

续表

序号	操作步骤	图片说明
4	进入"System Input"界面后,点击"添加"	
5	双击"Signal Name"	
6	选择输入信号 DI1 后,并点击"确定"	

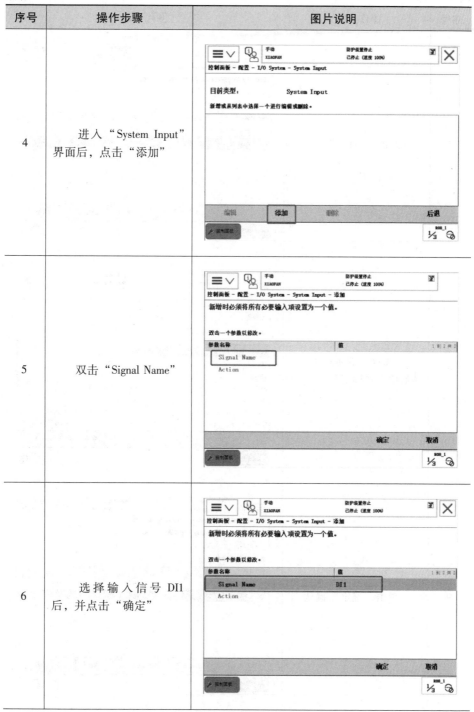

续表

序号	操作步骤	图片说明
7	双击"Action"	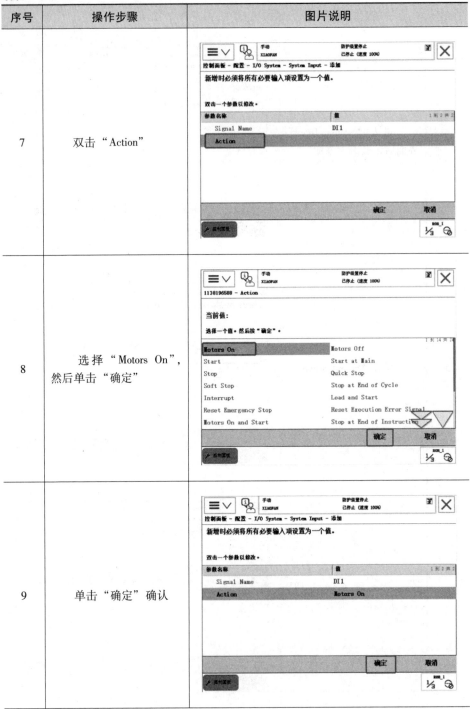
8	选择"Motors On"，然后单击"确定"	
9	单击"确定"确认	

续表

序号	操作步骤	图片说明
10	在弹出的"重新启动"窗口中，单击"否"，完成系统输入"Motors On"与数字输入信号"DI1"的关联设定。输入信号关联好后，在自动模式下，将"DI1"置"1"后机器人电机上电	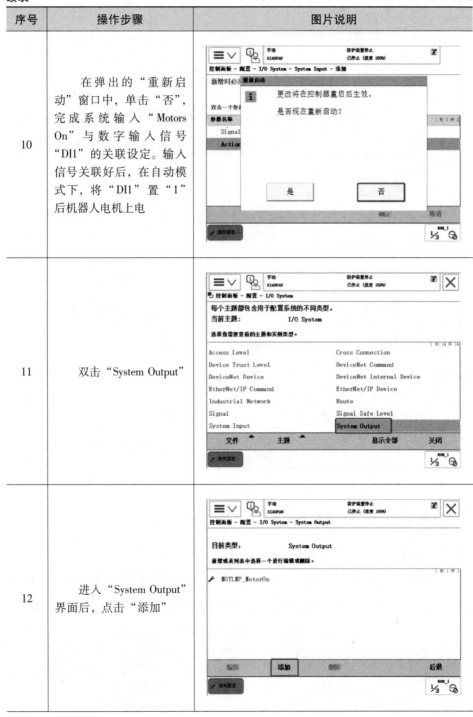
11	双击"System Output"	
12	进入"System Output"界面后，点击"添加"	

续表

序号	操作步骤	图片说明
13	参考上述步骤，完成"Signal Name"（DO1）和"Status"（Emergency Stop）的关联	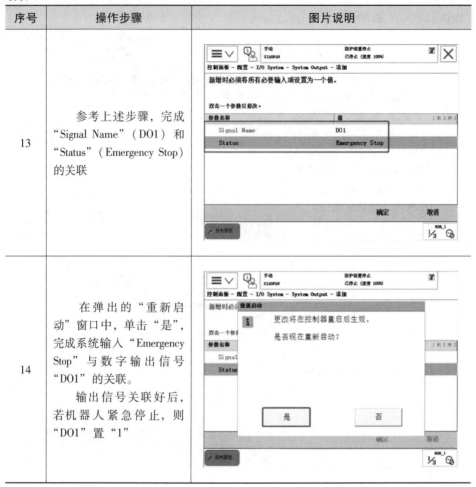
14	在弹出的"重新启动"窗口中，单击"是"，完成系统输入"Emergency Stop"与数字输出信号"DO1"的关联。 输出信号关联好后，若机器人紧急停止，则"DO1"置"1"	

关联知识：系统 I/O 信号说明

1. 常用系统输入信号

系统输入配置即将数字输入信号与机器人系统控制信号关联起来，通过外部信号对系统进行控制。ABB 机器人可被配置为系统输入的信号见表 4-22。

表 4-22   ABB 机器人可被配置为系统输入的信号

序号	名称	说明
1	Motors On	电机上电
2	Motors Off	电机下电

续表

序号	名称	说明
3	Start	启动运行
4	Start at main	从主程序启动运行
5	Stop	暂停
6	Quick Stop	快速停止
7	Soft Stop	软停止
8	Stop at end of Cycle	在循环结束后停止
9	Interrupt	中断触发
10	Load and Start	加载程序并启动运行
11	Reset Emergency Stop	急停复位
12	Motors On and Start	电机上电并启动运行
13	System Restart	重启系统
14	Load	加载程序文件
15	Backup	系统备份
16	PP to main	程序指针移至主程序 Main

2. 常用系统输出信号

系统输出配置即将机器人系统状态信号与数字输出信号关联起来，将状态输出。ABB 机器人可被配置为系统输出的信号见表4-23。

表4-23　ABB 机器人可被配置为系统输出的信号

序号	名称	说明
1	Motors On	电机上电
2	Motors Off	电机下电
3	Cycle On	程序运行状态
4	Emergency Stop	紧急停止
5	Auto On	自动运行状态
6	Runchain Ok	运行链正常
7	TCP Speed	TCP 速度，以模拟量输出当前机器人速度
8	Motors On State	电机上电状态

续表

序号	名称	说明
9	Motors Off State	电机下电状态
10	Power Fail Error	动力供应失效状态
11	Motion Supervision Triggered	碰撞检测被触发
12	Motion Supervision On	动作监控打开状态
13	Path return Region Error	返回路径失败状态
14	TCP Speed Reference	TCP 速度参考状态，以模拟量输出当前指令速度
15	Simulated I/O	虚拟 I/O 状态
16	Mechanical Unit Active	激活机械单元
17	Task Executing	任务运行状态
18	Mechanical Unit Not moving	机械单元没有运行
19	Production Execution Error	程序运行错误报警
20	Backup in Progress	系统备份进行中
21	Backup Error	备份错误报警

任务评价

各小组在实训课程结束后，老师根据各小组的实际完成情况在表 4 - 24 中进行评价。

表 4 - 24　实训课程完成情况评价表

序号	评分项目	得分/分	总分/分
1	对标准 I/O 板的种类及结构的熟悉度		10
2	配置标准 I/O 板的熟练度		15
3	配置数字 I/O 信号的熟练度		20
4	检测数字 I/O 信号的熟练度		10
5	配置示教器 I/O 快捷键的熟练度		15
6	配置数字 I/O 的熟练度		10
7	配置系统 I/O 关联的 I/O 信号的熟练度		10
8	操作设备是否符合操作规程		10
	总分/分		100

1. ABB 机器人标准 I/O 板有哪些？IRB 1200 机器人配置的标准 I/O 板是哪一种？简述 IRB 1200 机器人所配置的标准 I/O 板的结构。

_____

_____

_____

2. 可编程按键有哪些功能模式，各有什么区别？如何设置可编程快捷键？

_____

_____

_____

▶ 任务 3   工业机器人码垛应用编程与操作实践 ◀

任务导入

　　结合前面学习的知识与工业机器人多功能工作台码垛模块，完成码垛模块程序的编写与调试，实现工业机器人工作台码垛模块自动码垛。图 4 - 23a 为码垛模块初始状态，图 4 - 23b 为码垛模块完成码垛状态。

a. 码垛模块初始状态　　　　　　　　b. 码垛模块完成码垛状态

图 4 - 23   码垛模块

任务目标

　　◆ 能够使用逻辑指令 Set、Reset、WaitTime、WaitDI 等编写工业机器人的程序。

◆ 能够使用位置偏置函数 Offs 编写工业机器人的程序。

◆ 能够使用作业负载设定指令 GripLoad 编写工业机器人的程序。

◆ 能够使用循环指令 WHILE 与条件指令 IF 编写工业机器人的程序。

◆ 能够编程完成工业机器人多功能工作台码垛模块自动码垛。

任务实施

任务实施指引

在老师的指导下，学员观看现场工业机器人工作台自动码垛作业，明确本节课堂任务目标，然后老师引导学员一步一步拆解任务，将任务拆解成如 Set、Reset、IF 等指令的单独使用，最终要求学员操纵工业机器人系统完成码垛工具自动装载以及自动码垛工作。通过启发式教学，激发学员的学习兴趣与学习主动性。

❖ **实施步骤 1：工业机器人自动装载码垛工具**

实施过程 1：规划工业机器人装载工具路径

根据现场实际情况，规划机器人运行路径，然后根据制定的路径编写程序。多功能工作台中工业机器人装载吸盘工具的路径参考图如图 4 - 24 所示。

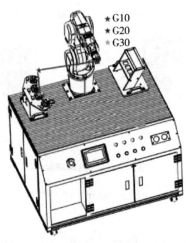

图 4 - 24　工业机器人装载吸盘工具的路径

温馨提示：

（1）G10、G20 建议用 MoveJ 指令，G30 用 MoveL 指令。

（2）G20 运动到 G30 前应确保快换装置孔与工具限位销对齐和确保快换装置处于打开状态。

实施过程 2：装载工具编程

结合上面制定的工业机器人运行轨迹，用示教器编写轨迹程序，表 4 - 25 所示为程序清单。

表 4 - 25　程序清单

程序及说明	
PROC GetTool3;	程序名称
IF DI3 = 1 AND DI13 = 0 THEN;	如果 DI13 为 "1"，并且 DI13 为 "0"，则
Set DO5;	设置 DO5 为 "1"，快换装置打开
MoveJ G10, V600, Z50, Tool0;	关节运动到 G10
MoveJ G20, V600, Z50, Tool0;	关节运动到 G20
MoveL G30, V200, fine, Tool0;	线性运动到 G30
Reset DO5;	设置 DO5 为 "0"，快换装置关闭
WaitTime 1 ;	等待 1 秒钟
GripLoad load1	设置作业负载为 load1
MoveL G20, V200, fine, Tool0;	线性运动到 G20
MoveJ G10, V600, Z50, Tool0;	关节运动到 G10
END IF	程序结束

温馨提示：

（1）工具的作业 Z 轴方向与机器人系统自带的 Tool0 方向一致，可以直接用 Tool0。

（2）码垛工作台的作业面与工业机器人底座平行，作业工件坐标系可默认为大地坐标系。

添加上述程序的操作步骤如表 4 - 26 所示。

表 4-26   程序添加的操作步骤

序号	操作步骤	图片说明
1	新建"MaDuo"模块，同时建例行程序"GetTool3"	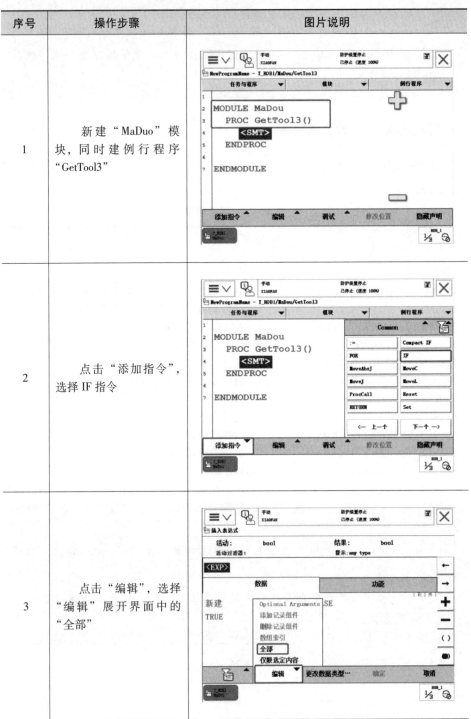
2	点击"添加指令"，选择 IF 指令	
3	点击"编辑"，选择"编辑"展开界面中的"全部"	

续表

序号	操作步骤	图片说明
4	输入"DI3 = 1AND DI13 = 0",然后点击"确定"	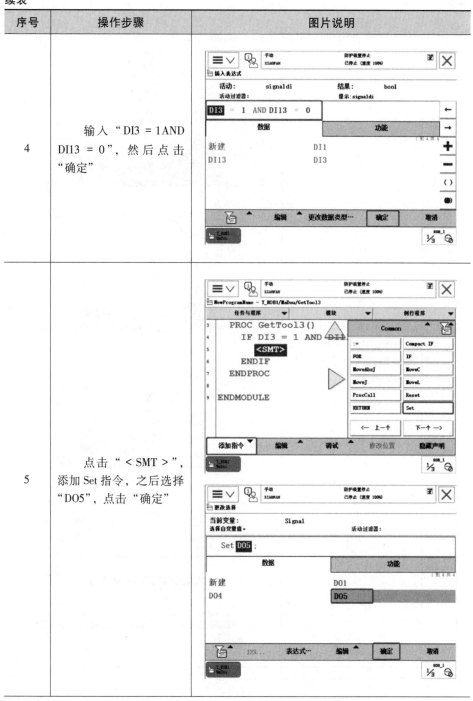
5	点击"< SMT >",添加 Set 指令,之后选择"DO5",点击"确定"	

续表

序号	操作步骤	图片说明
6	将机械臂逐步移动到 G10、G20、G30 位置，陆续添加 MoveJ 指令和 MoveL 指令	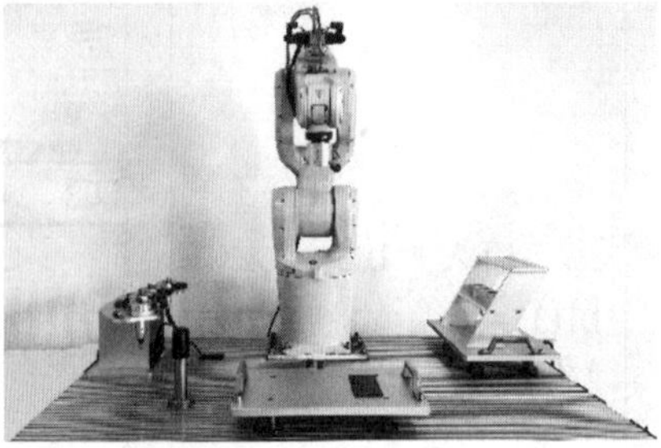 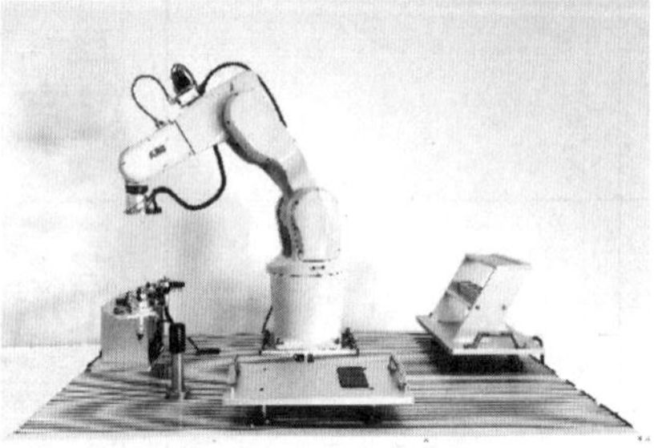 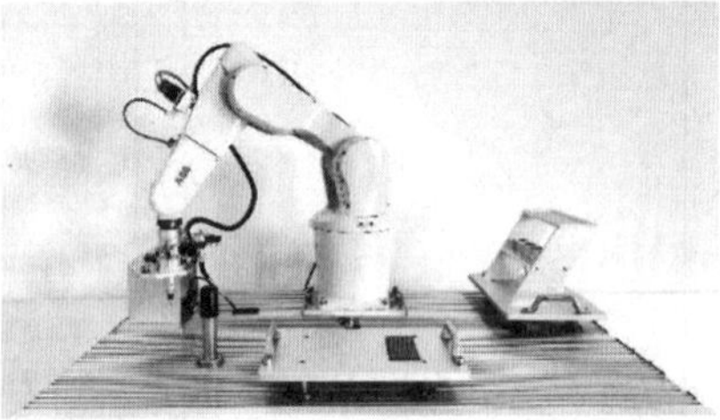 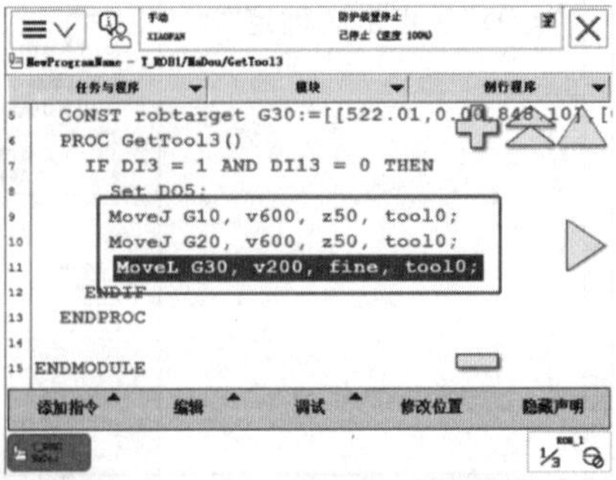

续表

序号	操作步骤	图片说明
7	机械臂到达 G30 位置与工具表面接触后，点击"添加指令"，在"Common"展开界面中选择"Reset"，然后依次选择"DO5""确定"	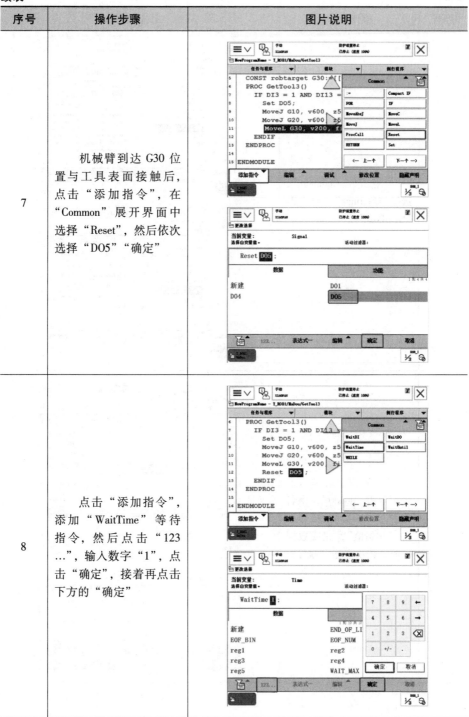
8	点击"添加指令"，添加"WaitTime"等待指令，然后点击"123…"，输入数字"1"，点击"确定"，接着再点击下方的"确定"	

续表

序号	操作步骤	图片说明
9	点击"Common"，选择"Settings"，再点击"GripLoad"	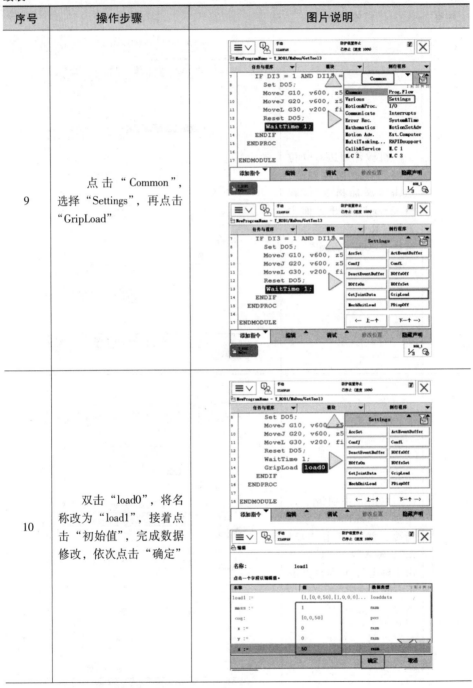
10	双击"load0"，将名称改为"load1"，接着点击"初始值"，完成数据修改，依次点击"确定"	

续表

序号	操作步骤	图片说明
11	添加线性运动到 G20 位置，关节运动到 G10 位置	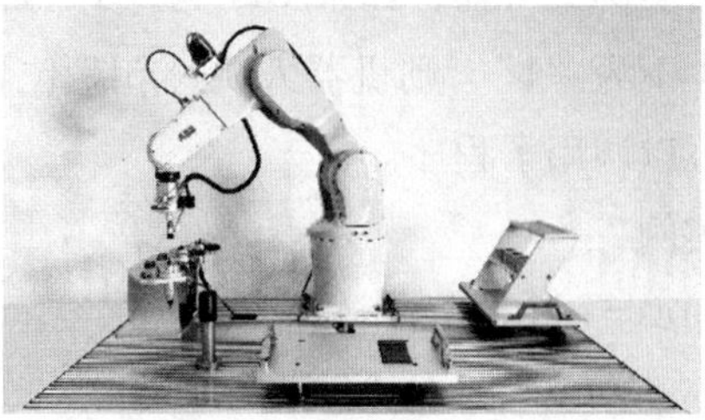 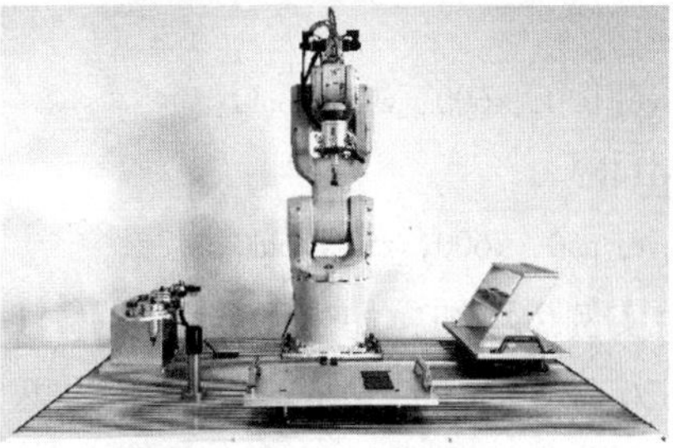 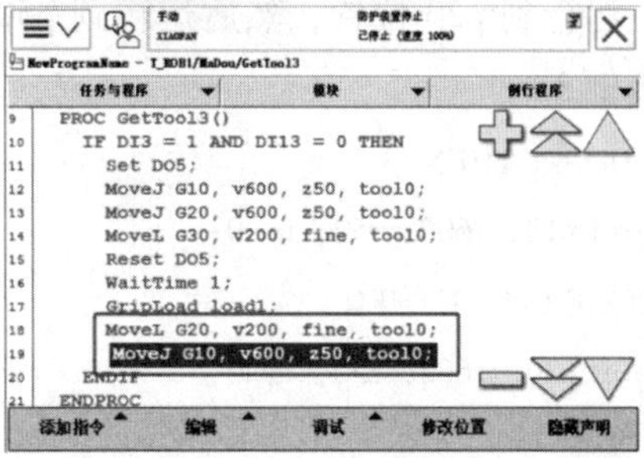

温馨提示：

　　在机器人快换装置接近工具表面时速度要慢，以免其撞机损坏设备。

　　关联知识 1：IF 指令

　　满足 IF 条件，则执行满足该条件下的指令。IF 指令可采用"IF－THEN" "IF－THEN－ELSE" "IF－THEN－ELSEIF－ELSE" 等多种形式编程，其使用实例如下。

　　实例 1：

IF DI3 = 1 THEN

MoveJ p10，v600，z50，tool0；

END IF

MoveJ p50, v600, z50, tool0;

由实例 1 可知，如果 DI3 为"1"时，机器人关节运动到 p10 点位置，如果 DI3 不为"1"，则机器人跳过 p10 位置，运行到 p50 位置。IF 与 END IF 之间也可以调用子程序。

实例 2：

IF DI3 = 1 THEN

MoveJ p10, v600, z50, tool0;

ELSE

MoveJ p20, v600, z50, tool0;

END IF

MoveJ p50, v600, z50, tool0;

由实例 2 可知，如果 DI3 为"1"时，机器人关节运动到 p10 位置，然后跳过 p20 位置，运行到 p50 位置；如果 DI3 不为"1"时，机器人跳过 p10 点位置，运行到 p20 位置，然后运行到 p50 位置。

实例 3：

IF DI3 = 1 THEN

MoveJ p10, v600, z50, tool0;

ELSEIF DI4 = 1 THEN

MoveJ p20, v600, z50, tool0;

ELSE

MoveJ p30, v600, z50, tool0;

END IF

MoveJ p50, v600, z50, tool0;

由实例 3 可知，如果 DI3 为"1"时，机器人运行到 p10 位置，跳过 p20、p30 位置，然后运行到 p50 位置；如果 DI4 为"1"时，机器人跳过 p10 位置，运行到 p20 位置，跳过 p30 位置，然后运行到 p50 位置；如果 DI3 不为"1"、DI4 不为"1"，则机器人跳过 p10、p20、p30 位置，直接运行到 p50 位置。

关联知识 2：Set 指令

在 RAPID 程序中，DO 信号状态可以通过 I/O 输出控制指令 Set 来定义。DO 信号名称可以通过程序数据指定。Set 指令用来定义 DO 信号输出状态时，输出状态可为 ON（1）、OFF（0）或是将现行状态取反。Set 指令编程实例及其说明如下。

Set DO5;	//DO5 输出为 ON（1）
Reset DO5;	//复位 DO5，输出为 OFF（0）
InverDO DO5;	//将 DO5 当前状态取反
SetDO DO5，1;	//设置 DO 输出为 ON（1）

对于 DO、AO、GO 信号输出值可以通过 SetDO、SetAO、SetGO 来设定，相关实例及其说明如下。

SetDO DO5，1;	//设置 DO5 输出值为 1
SetAO AO5，2;	//设置 AO5 输出值为 2
SetGO GO5，12;	//设置 GO5 输出值为 12

温馨提示：

（1）如果在 Set、Reset 指令前有运动指令 MoveL、MoveJ、MoveC 或 MoveAbsJ 的转弯区数据，必须使用 fine 才可以准确地输出 I/O 信号状态的变化，否则信号会被提前触发。

（2）AO、GO 输出信号的使用与 DO 的相同。

关联知识 3：WaitTime 指令

WaitTime 指令为定时等待指令，指令后面直接跟等待时间，数据类型为 num，单位为 s；设定精度为 0.001 s，最大值无限制。WaitTime 指令编程实例如下。

WaitTime 2;　　　　　　　　　　　　　　　　　　　//程序暂停等待 2 s

关联知识 4：程序数据

数据储存类型可以分为 CONTS、VAR、PERS。

程序数据是根据不同的数据用途进行定义的，常用的程序数据类型有：bool，byte，clock，jointtarget，loaddata，num，pos，robjoint，speeddata，string，tooldata 和 wobjdata 等。不同类型的常用程序数据的用法如下。

（1）bool：布尔量，用于逻辑值，bool 型数据值可以为 true 或 false。

例如：

VAR bool flag1;

flag1：= TURE

（2）byte：用于符合字节范围（0～255）的整数数值，代表一个整数字节值。

例如：

VAR byte

data1：=8

（3）clock：存储时间测量值，以 s 为单位，精度为 0.001 s 且必须为 VAR 变量。

例如：

VAR clock myclock；

CLKReset clock1

（4）jointtarget：通过 MoveAbsJ 指令确定机械臂和外轴移动到的位置，规定机械臂和外轴的各单独轴位置。其中用"robax axes"表示机械臂轴位置，以度数为单位；用"extemal axes"表示外轴的位置，对于线性外轴，其位置定义为与校准位置的距离，对于旋转外轴，其位置定义为从校准位置起旋转的度数。

例如：

CONTS jointtarget calib_ pos：= [[0, 0, 0, 0, 0, 0], [0, 9E9, 9E9, 9E9, 9E9, 9E9]]；

（5）loaddata：用于描述连接机器人机械接口的负载，负载数据常常定义机械臂的有效负载或支配负载，即机械臂夹具所施加的负载。loaddata 可作为 tooldata 的组成部分，以描述工具负载。如表 4-27 为 loaddata 的参数表。

表 4-27　loaddata 的参数表

序号	参数	名称	类型	单位
1	mass	负载的质量	num	kg
2	cog	有效负载的重心	pos	mm
3	aom	矩轴的姿态	orient	
4	inertia x	力矩 x 轴负载的惯性矩	num	kgm^2
5	inertia y	力矩 y 轴负载的惯性矩	num	kgm^2
6	inertia z	力矩 z 轴负载的惯性矩	num	kgm^2

例如：

PERS loaddata piece1：= [5, [50, 0, 50], [1, 0, 0, 0], 0, 0, 0]；

从上述实例可知，质量为 5 kg，重心坐标 $x=50$ mm，$y=0$ mm 和 $z=50$ mm，有效负载为一个点质量。

（6）num：此数据类型的值可以为整数（如 -8）和小数（如 3.1415），

也可以呈指数形式写入（如 2E2 = 2×10^2），该数据类型始终将 - 8388607 与 +8388608 之间的整数作为准确的整数储存。使用该数据类型时，小数仅为近似数字，不得用于等于或不等于对比。

例如：

VAR num reg1；

Reg1：= 4

（7）pos：用于各位置（仅 X、Y、Z），描述 X、Y 和 Z 位置的坐标。其中 X、Y 和 Z 参数的值均为 num 数据类型。

例如：

VAR　pos　pos1；

Pos1：= ［500，0，940］

（8）robjoint：robjoint 用于定义机械臂轴的位置，单位为度。robjoint 类数据用于储存机械臂轴 1 到 6 轴的轴位置，将轴位置定义为各轴从轴校准位置沿正方向或负方向旋转的度数。

例如：

rax_ 1：robot axis 1；

由上述实例可知，机械臂轴 1 位置距离校准位置的度数，数据类型为 num。

（9）speeddata：用于规定机械臂和外轴均开始移动时的速率。speeddata 定义以下速率：工具中心点移动时的速率；工具的重新定位速率；线性或旋转外轴移动时的速率。当结合多种不同类型的移动时，其中一个速率常常限制所有运动。若该速率减少，其他运动的速率也将减少，以便所有运动同时停止执行。与此同时，通过机械臂性能来限制速率的方法，将会根据机械臂类型和运动路径而有所不同。

例如：

VAR speeddata vmedium：= ［1000，30，200，15］；

上述实例定义了速度数据 vmedium，对于 TCP，速率为 1 000 mm/s；对于工具的重新定位，速率为 30 °/s；对于线性外轴，速率为 200 mm/s；对于旋转外轴，速率为 15 °/s。

（10）string：该类型数据用于字符串。字符串由一系列附上引号的字符（最多 80 个）组成，例如，"这是一个字符串"。如果字符串中包括引号，则必须保留两个引号，例如，"本字符串包含一个""字符"。如果字符串中包括反斜线，则必须保留两个反斜线符号，例如，"本字符串包含一个\ \ 字符"。

例如：

VAR string text；

text ：＝"start welding pipe 1"；

TPWrite text；

该实例表示，在 FlexPendant 示教器上写入文本"start welding pipe 1"。

(11) tooldata：用于描述工具（如焊枪或夹具等）的特征。此类特征包括 TCP 的位置和方位以及工具负载的物理特征。如果工具得以固定在空间中（固定工具），则工具数据首先定义空间中该工具的位置和方位以及 TCP，随后描述机械臂所移动夹具的负载。

例如：

PERS tooldata gripper ：＝［TRUE，［［97.4，0，223.1］，［0.924，0，0.383，0］］，［5，［23，0，75］，［1，0，0，0］，0，0，0］］；

该实例表示，机械臂正夹持着工具的 TCP 与安装法兰的直线距离为 223.1 mm，且沿腕坐标系 X 轴方向相差 97.4 mm；工具的 X' 轴方向和 Z' 轴方向相对于腕坐标系 Y 轴方向旋转 45°；工具质量为 5 kg；重心所在点与安装法兰的直线距离为 75 mm，且沿腕坐标系 X 轴方向相差 23 mm；可将负载视为一个点质量，即不带任何惯性矩。

(12) wobjdata：它定义工件相对于大地坐标系（或其他主标系）的位置。wobjdata 亦可用于点动：可使机械臂朝工件方向点动，根据工件坐标系可显示机械臂当前位置。

例如：

PERS wobjdata wobj2 ：＝［FALSE，TRUE，""，［［300，600，200］，［1，0，0，0］］，［［0，200，30］，［1，0，0，0］］］；

在上述实例中，"FALSE"代表机械臂未夹持着工件，"TRUE"代表使用固定的用户坐标系，用户坐标系不旋转，且其原点在大地坐标系中的坐标为 (300，600，200)；目标坐标系不旋转，且其原点在用户坐标系中的坐标为 (0，200，30)。

例如：

wobj2. oframe. trans. z：＝38.3；

该实例表示将工件"wobj2"的位置调整至沿 Z 轴方向 38.3 mm 处。

关联知识 5：GripLoad 指令

伺服电动机的输出转矩取决于负载。机器人系统的负载通常包括机器人本体运动负载、外部轴负载、工具负载、作业负载等。机器人本体运动负载通常由机器人生产厂设定；工具负载可通过 tooldata 中的负载特性项 load 定义。运动负载和工具负载无需在程序中另行编程。作业负载是机器人作业时产生的附加负载，如机器人搬运的物品质量等。作业负载的参数会随机器人作业任务的改变而改变，因此在 RAPID 程序中，需要根据机器人实际作业要求，利用 GripLoad 指令对参数进行准确的设定。

作业负载一旦设定，机器人的控制系统便可自动调整机器人各轴的负载特性，重新设定控制模型，实现最佳控制；同时，也能够通过碰撞检测功能有效监控机器人。在 RAPID 程序中，外部轴负载、工具负载、作业负载通过格式统一的 loaddata 予以描述。

GripLoad 指令编程实例及说明如下。

```
Reset DO5;                          //设置 DO5 信号 OFF（0）
WaiteTime 2;                        //程序暂停等待 2 s
GripLoad load1                      //作业负载设定为 load1
```

实施过程 3：程序校验、调试

为了验证程序的正确与否，可手动设置 DO5 为"1"，取下工具放回工具库中，后调用例行程序"GetTool3"，使机器人单步低速运行，机器人运行过程中查看其运行轨迹是否合理，校验过程中可优化机器人的各点姿态。机器人单步运行完成后，可在手动状态下使其提速，然后自动运行一周，确保机器人在自动状态下工具不会发生碰撞。

❖ **实施步骤 2：工业机器人码垛程序的编写**

在编写工业机器人码垛程序前，应在考虑现场物品实际情况下规划码垛方式。在工业机器人多功能工作台码垛模块中，根据物品外观与数量采用正反交错式垛型（如图 4-25 所示）。

图 4-25　正反交错式码垛

实施过程 1：测量码垛物品尺寸

应查阅相关文件或使用测量工具测量需要码垛的物品的尺寸，以便于编写码垛程序时使用。工业机器人多功能工作台码垛模块中的物品经测量得出长、宽、高分别为：60 mm、30 mm、10 mm（如图 4 - 26 所示）。

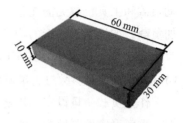

图 4 - 26　码垛物块尺寸

请学员根据要求补充完整下面这段话。

以工业机器人基坐标系为基准，下图 4 - 27a 中 A、B、C、D 四点中假设 A 点坐标为（0，0，0），则 B 点坐标为（__，__，__）；则 C 点坐标为（__，__，__）；则 D 点坐标为（__，__，__）。图 4 - 27b 中 E、F 两点中假设 E 点坐标为（0，0，0），则 F 点坐标为（__，__，__）。图 4 - 27c 中 G、H 两点中假设 G 点坐标为（0，0，0），则 H 点坐标为（__，__，__）。

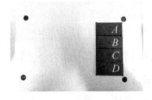

a　　　　　　　　　　b　　　　　　　　　　c

图 4 - 27　码垛模块的坐标

根据现场实际情况规划工业机器人的工作路径对于后续机器人程序的编写是非常有必要的，规划路径可快速建立机器人工作程序中的点的位姿。工业机器人多功能工作台中码垛模块的运行轨迹可规划为如图 4 - 28 所示。

图 4 - 28　码垛模块码垛轨迹规划

实施过程2：编写工业机器人的码垛程序

结合制定的工业机器人的码垛运行轨迹，编写码垛程序（见表4-28）。

表4-28　码垛程序清单

轨迹程序	说明
PROC MD;	例行程序名称
MoveJ Home, v600, fine, tool0;	设置机器人初始位置
WaitDI DI3, 0;	等待 DI13 输入信号为 0
WaitUntil DI13 = 1;	等待直到 DI13 输入信号为 1
MoveJ p10, v600, fine, tool0;	关节运动到 p10 点位置
MoveL pA, v200, fine, tool0;	线性运动到 pA 点位置
Set DO4;	吸盘气源打开
WaitTime 2	程序暂停，等待 2s
MoveL p10, v400, fine, tool0;	线性运动到 p10 点位置
MoveL p20, v400, fine, tool0;	线性运动到 p20 点位置
MoveL pE, v200, fine, tool0;	线性运动到 pE 点位置
Reset DO4;	吸盘气源关闭
WaitTime 2;	程序暂停，等待 2s
MoveL p20, v400, fine, tool0;	线性运动到 p20 点位置
MoveL offs (p10, 30, 0, 0), v400, fine, tool0;	线性运动到相对于 p10 点（X 轴方向偏移 30 mm，Y 轴偏移 0 mm，Z 轴偏移 0 mm）的点位置
MoveL offs (pA, 30, 0, 0), v200, fine, tool0;	线性运动到相对于 pA 点（X 轴方向偏移 30 mm，Y 轴偏移 0 mm，Z 轴偏移 0 mm）的点位置
Set DO4;	吸盘气源打开
WaitTime 2;	程序暂停，等待 2s
MoveL offs (p10, 30, 0, 0), v400, fine, tool0;	线性运动到相对于 p10 点（X 轴方向偏移 30 mm，Y 轴偏移 0 mm，Z 轴偏移 0 mm）的点位置
MoveL offs (p20, 0, -30, 0), v400, fine, tool0;	线性运动到相对于 p20 点（X 轴方向偏移 0 mm，Y 轴偏移 -30 mm，Z 轴偏移 0 mm）的点位置
MoveL offs (pE, 0, -30, 0), v200, fine, tool0;	线性运动到相对于 pE 点（X 轴方向偏移 0 mm，Y 轴偏移 -30 mm，Z 轴偏移 0 mm）的点位置

续表

轨迹程序	说明
Reset DO4；	吸盘气源关闭
WaitTime 2；	程序暂停，等待 2s
MoveL offs（p20, 0, -30, 0）, v400, fine, tool0；	线性运动到相对于 p20 点（X 轴方向偏移 0 mm，Y 轴偏移 -30 mm，Z 轴偏移 0 mm）的点位置
MoveL offs（p10, 60, 0, 0）, v400, fine, tool0；	线性运动到相对于 p10 点（X 轴方向偏移 60 mm，Y 轴偏移 0 mm，Z 轴偏移 0 mm）的点位置
MoveL offs（pA, 60, 0, 0）, v200, fine, tool0；	线性运动到相对于 pA 点（X 轴方向偏移 60 mm，Y 轴偏移 0 mm，Z 轴偏移 0 mm）的点位置
Set DO4；	吸盘气源打开
WaitTime 2；	程序暂停，等待 2s
MoveL offs（p10, 60, 0, 0）, v400, fine, tool0；	线性运动到相对于 p10 点（X 轴方向偏移 60 mm，Y 轴偏移 0 mm，Z 轴偏移 0 mm）的点位置
MoveL offs（pG, 0, 0, 20）, v400, fine, tool0；	线性运动到相对于 pG 点（X 轴方向偏移 0 mm，Y 轴偏移 0 mm，Z 轴偏移 20 mm）的点位置
MoveL pG, v200, fine, tool0；	线性运动到 pG 点位置
Reset DO4；	吸盘气源关闭
WaitTime 2；	程序暂停，等待 2s
MoveL offs（pG, 0, 0, 20）, v400, fine, tool0；	线性运动到相对于 pG 点（X 轴方向偏移 0 mm，Y 轴偏移 0 mm，Z 轴偏移 20 mm）的点位置
MoveL offs（p10, 90, 0, 0）, v400, fine, tool0；	线性运动到相对于 p10 点（X 轴方向偏移 90 mm，Y 轴偏移 0 mm，Z 轴偏移 0 mm）的点位置
MoveL offs（pA, 90, 0, 0）, v200, fine, tool0；	线性运动到相对于 pA 点（X 轴方向偏移 90 mm，Y 轴偏移 0 mm，Z 轴偏移 0 mm）的点位置
Set DO4；	吸盘气源打开
WaitTime 2；	程序暂停，等待 2s

续表

轨迹程序	说明
MoveL offs（pG，－30，0，20），v400，fine，tool0；	线性运动到相对于 pG 点（X 轴方向偏移－30 mm，Y 轴偏移 0 mm，Z 轴偏移 20 mm）的点位置
MoveL offs（pG，－30，0，0），v200，fine，tool0；	线性运动到相对于 pG 点（X 轴方向偏移－30 mm，Y 轴偏移 0 mm，Z 轴偏移 0 mm）的点位置
Reset DO4；	吸盘气源关闭
WaitTime 2；	程序暂停，等待2s
MoveL offs（pG，－30，0，20），v400，fine，tool0；	线性运动到相对于 pG 点（X 轴方向偏移－30 mm，Y 轴偏移 0 mm，Z 轴偏移 20 mm）的点位置
MoveJ Home，v600，fine，tool0；	机器人初始位置

添加码垛程序的操作步骤如表4-29所示。

表4-29　添加码垛程序的操作步骤

序号	操作步骤	图片说明
1	新建例行程序"MD"，将机器人移动到初始位姿后点击"添加指令"	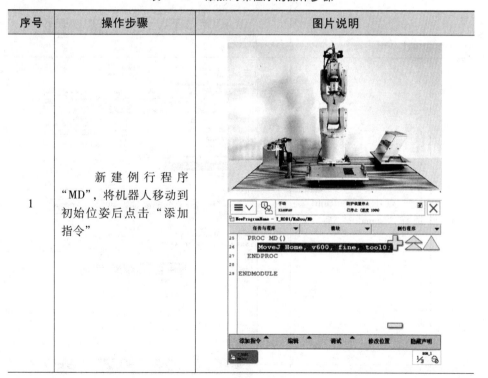

续表

序号	操作步骤	图片说明
2	点击"WaitDI"，在"＜EXP＞"中选择"DI3"，并将"1"改为"0"，点击"确定"	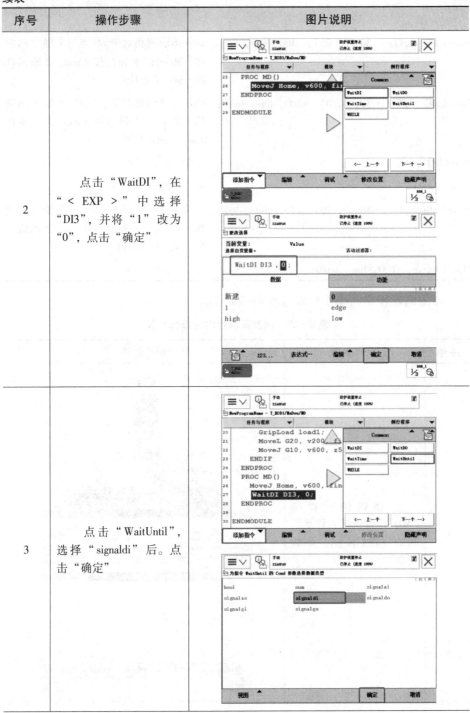
3	点击"WaitUntil"，选择"signaldi"后。点击"确定"	

续表

序号	操作步骤	图片说明
4	在"数据"中选择"DI13",然后依次点击"表达式""编辑",在"编辑"展开界面中选择"全部",将"DI13"改为"DI13 = 1",连续点击"确定",返回程序界面	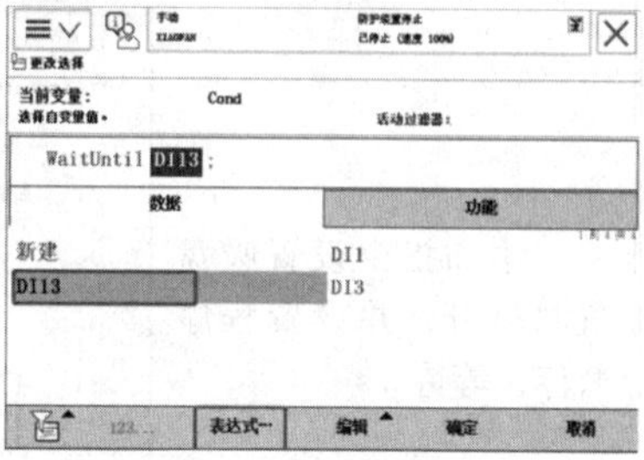 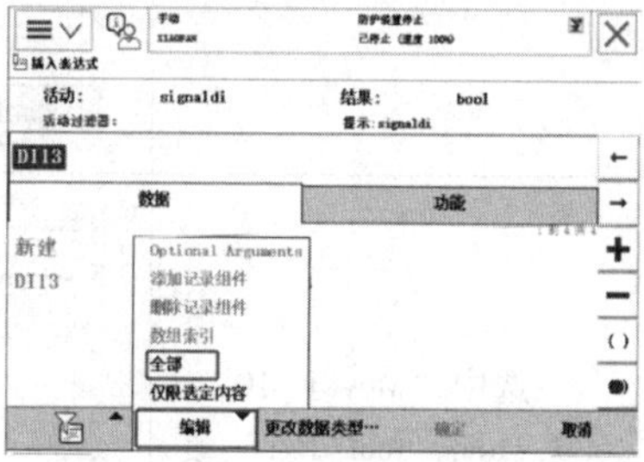 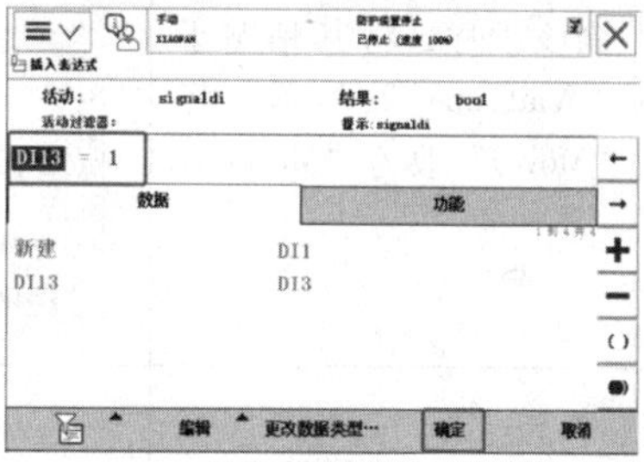
5	机器人移动到 p10 点的位姿后添加指令	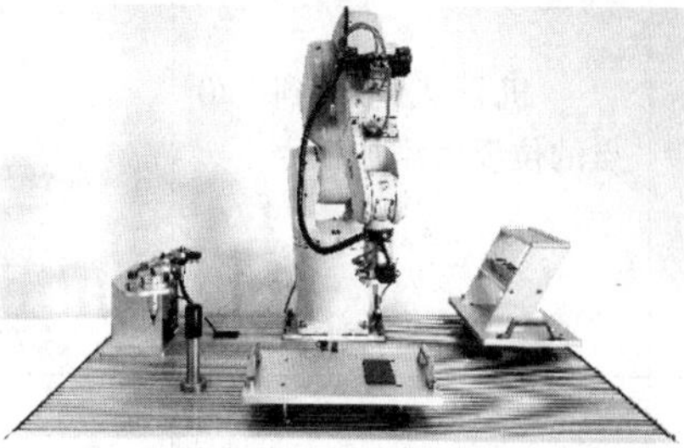
6	机器人移动到 pA 点的位姿后添加指令	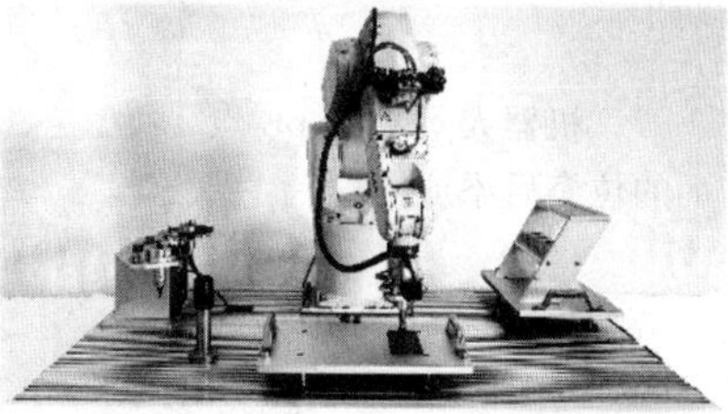

续表

序号	操作步骤	图片说明
7	添加指令设置吸盘气源打开，并设置程序暂停，等待2 s	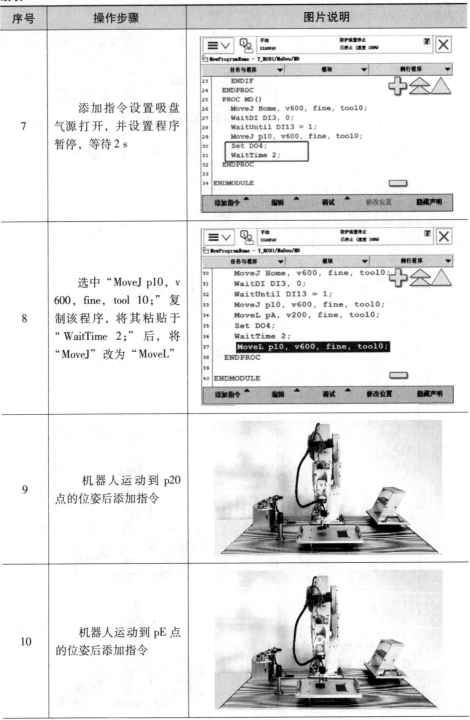
8	选中"MoveJ p10, v600, fine, tool 10;"复制该程序，将其粘贴于"WaitTime 2;"后，将"MoveJ"改为"MoveL"	
9	机器人运动到 p20 点的位姿后添加指令	
10	机器人运动到 pE 点的位姿后添加指令	

续表

序号	操作步骤	图片说明
11	添加指令设置吸盘气源关闭,并设置程序暂停,等待2 s	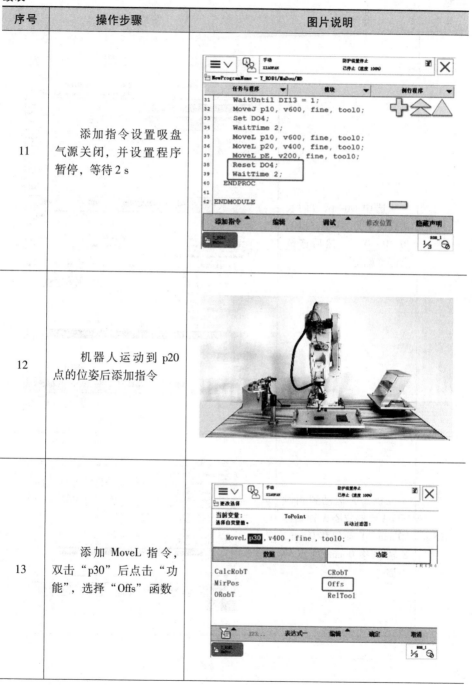
12	机器人运动到p20点的位姿后添加指令	
13	添加 MoveL 指令,双击"p30"后点击"功能",选择"Offs"函数	

续表

序号	操作步骤	图片说明
14	选中 Offs 函数的表达式调整为"Offs（p10, 30, 0, 0）"，然后连续点击"确定"	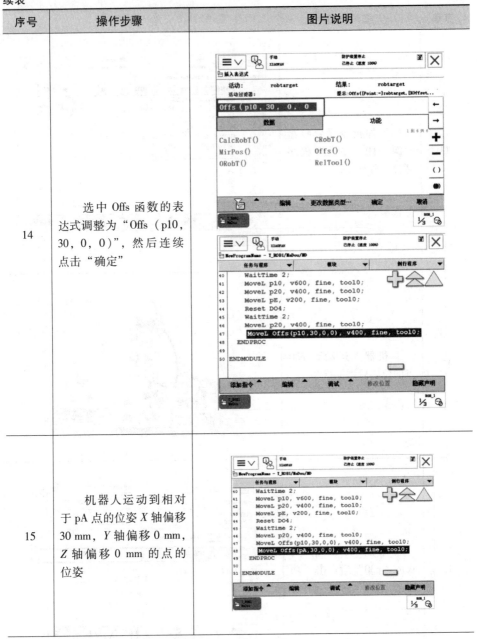
15	机器人运动到相对于 pA 点的位姿 X 轴偏移 30 mm，Y 轴偏移 0 mm，Z 轴偏移 0 mm 的点的位姿	

续表

序号	操作步骤	图片说明
16	添加指令设置吸盘气源打开，并设置程序暂停，等待 2 s	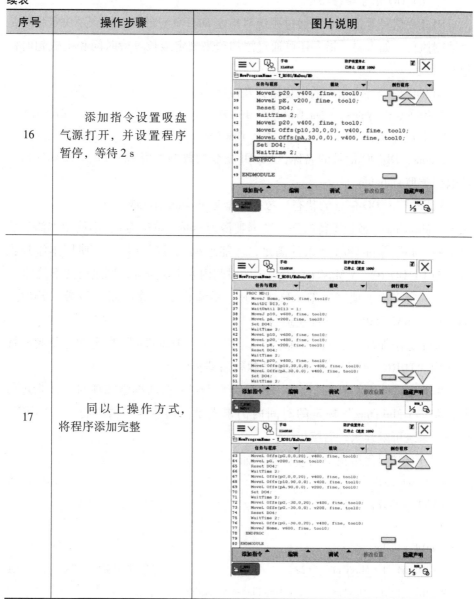
17	同以上操作方式，将程序添加完整	

关联知识 1：信号等待指令

在 RAPID 程序中，DI/DO 信号、AI/AO 信号或 GI/GO 组信号的状态可控制程序的执行过程，使得程序只有在指定的条件满足后，才能继续执行下一指令，否则将进入程序暂停的等待模式。

1. DI/DO 信号等待指令

DI/DO 信号等待指令可通过系统对指定 DI/DO 点的状态检查来决定程序是否继续执行。如需要，指令还可通过添加项来规定最长等待时间和生成超时标记等。

DI/DO 信号等待指令的编程格式及说明如下。

```
WaitDI Signal, Value [ \ MaxTime] [ \ TimeFlag]          //DI 信号等待
WaitDO Signal, Value [ \ MaxTime] [ \ TimeFlag]          //DO 信号等待
```

Signal：DI/DO 信号的名称，WaitDI 指令的数据类型 signaldi，WaitDO 指令的数据类型 signaldo。

Value：DI/DO 信号的状态，数据类型为 dionum（0 或 1）。

\ MaxTime：最长等待时间，数据类型为 num，单位为 s。不使用本添加项时，系统必须等待 DI/DO 条件满足，才能继续执行后续指令；使用本添加项时，如 DI/DO 在"\ MaxTime"规定的时间内未满足条件，则进行如下处理。

①未定义添加项"\ TimeFlag"时，系统将发出等待超时报警（ERR_wWAIT_ mAXTIME），并停止运行。

②定义添加项"\ TimeFlag"时，则将"\ TimeFlag"指定的等待超时标志置为"TURE"状态，系统可继续执行后续指令。

\ TimeFlag：等待超时标志，数据类型 bool。增加本添加项时，如指定的条件在"\ MaxTime"规定的时间内仍未满足，则该程序数据将为"TURE"状态，系统可继续执行后续指令。

DI/DO 信号等待指令的编程实例如下。

```
VAR bool flag1;                                      //程序数据定义
VAR bool flag2;
…
WaitDI di4, 1;                                            //等待 di4 = 1
WaitDI di4, 1 \ MaxTime: = 2;                   //等待 di4 = 1, 2s 后报警停止
WaitDI di4, 1 \ MaxTime: = 2 \ TimeFlag: = flag1;
                          //等待 di4 = 1, 2s 后 flag1 为 TURE, 并执行下一指令
IF flag1 THEN;
…
WaitDO do4, 1;
WaitDO do4, 1 \ MaxTime: = 2;                    //用于 DO 等待, 含义同上
WaitDO do4, \ MaxTime: = 2 \ TimeFlag: = flag2;
```

```
IF flag2 THEN；
…
```

2. AI/AO 信号等待指令

AI/AO 信号等待指令可通过系统对 AI/AO 的数值检查来决定程序是否继续执行。如需要，该指令还可通过添加项来增加判断条件、规定最长等待时间、保存超时瞬间当前值等。

AI/AO 信号等待指令的编程格式、指令添加项、程序数据要求及说明如下。

```
WaitAI signal ［＼LT］I［＼GT］Value［＼MaxTime］［＼ValueAtTimeout］；
                                                              //等待 AI 条件满足
WaitAO signal ［＼LT］I［＼GT］Value［＼MaxTime］［＼ValueAtTimeout］；
                                                              //等待 AO 条件满足
```

Signal：AI/AO 信号的名称，WaitAI 指令的数据类型为 signalai，WaitAO 指令的数据类型为 signalao。

Value：AI/AO 判别值，数据类型为 num。

＼LT 或＼GT：判断条件，小于或大于判别值，含数据类型 Switch 的指令不使用添加项＼LT 或＼GT 时，直接以判别值（等于）作为判断条件。

＼MaxTime：最长等待时间，数据类型为 num，单位为 s。

＼ValueAtTimeout：当前值存储数据，数据类型为 num，当 AI/AO 在"＼MaxTime"规定时间内未满足条件时，超时瞬间的 AI/AO 当前值保存在该程序数据中。

AI/AO 信号等待指令的编程实例如下。

```
VAR num regl：=0；                                         //程序数据定义
VAR num reg2：=0；
…
WaitAI ail, 5；                                            //等待 ai1 =5
WaitAI ail, ＼GT, 5；                                      //等待 ai1 >5
WaitAI ail, ＼LT, 5＼MaxTime：=4；              //等待 ai1 <5，4s 后报警停止
WaitAI ail, ＼LT, 5＼MaxTime：=4＼ValueAtTimeout：regl；
                        //等待 ai1 <5，4s 后报警停止，当前值保存至 reg1
…
WaitAO aol, 5；                                    //用于 AO 等待，含义同上
WaitAO aol, ＼GT, 5；
WaitAO aol, ＼LT, ＼MaxTime：=4；
```

WaitAO aol，\ LT，\ MaxTime：= 4 \ ValueAtTimeout：reg2；

…

3. GI/GO 信号等待指令

GI/GO 信号等待指令可通过系统对组信号 GI/GO 的状态检查来决定程序是否继续执行。如需要，该指令还可以通过程序数据添加项来规定判断条件、规定最长等待时间、保存超时瞬间当前值等。

GI/GO 信号等待指令的编程格式指令添加项、程序数据要求如下。

WaitGI Sinnal，[\ NOTEQ] I [\ LT] I [\ GT]，Value I Dvalue [\ MaxTime] [\ AValueAtTimeout] I [\ DvalueAtTimeout]；

WaitGo Signal，[\ NOTEQ] I [\ LT] I [\ GT]，Value I Dvalue [\ MaxTime]
[\ AvalueAtTimeout] I [\ DvalueAtTimeout]；

Signal：组信号 GI/GO 的名称，WaitGI 指令的数据类型为 signalgi，WaitGO 指令的数据类型为 signalgo。

Value 或 Dvalue：GI/GO 的判别值，数据类型为 num 或 dnum。

\ NOTEQ 或 \ LT 或 \ GT：判断条件，"不等于""小于"或"大于"判别值，数据类型为 switch。指令不使用添加项"\ INOTEQ"或"\ LT"或"\ GT"时，以等于判别值作为判断条件。

\ MaxTime：最长等待时间，数据类型为 num，单位为 s。

\ ValueAtTimeout 或 \ DvalueAtTimeout：当前值存储数据，数据类型为 num 或 dnum，当 GI/GO 组信号在"\ MaxTime"规定时间内未满足条件时，超时瞬间的 GI/GO 组信号当前状态将保存在该程序数据中。

GI/GO 信号等待指令的编程实例如下。

```
VAR num reg1：=0；                          //程序数据定义
VAR num reg2：=0 ；
…
WaitGI gil, 5；                              //等待 gil =0.. 0 0101
WaitGI gil, \ NOTEQ, 0；                     //等待 gil 不为 0
WaitGI gil, 5 \ MaxTime：= 2；               //等待 gil =0.. 0 0101, 2s 后报警停止
WaitGI gil, \ GT, 0 \ MaxTime：= 2；          //等待 gil 大于 0, 2s 后报警停止
WaitGo gil, \ GT, 0 \ MaxTime：= 2 \ ValueAtTimeout：= reg1；
                              //等待 gil 大于 0, 2s 后报警停止, 当前值保存至 reg1
WaitGO gol, 5；                              //用于 GO 等待, 含义同上
WaitGO gol, NOTEQ, 0；
```

WaitGO gol, 5 \ MaxTime： = 2 ;

WaitGI gol , \ GT, 0 \ MaxTime： = 2 ;

WaitGo gol, \ GT, 0 \ MaxTime： = 2 \ ValueAtTimeout： = reg2 ;

关联知识 2：逻辑状态等待指令 WaitUntil

WaitUntil 指令可通过对系统逻辑状态的判别来控制程序的执行过程，该指令的编程格式及指令添加项要求如下。

WaitUntil [\ InPos,] Cond [\ MaxTime] [\ TimeFlag] [\ PollRate] ;

\ InPos：移动到位，数据类型 switch。不使用添加项时，系统执行指令时，只需要判断逻辑条件；使用添加项后，需要增加机器人、外部轴移动到位的附加判别条件。

Cond：逻辑判断条件，数据类型为 bool，可以使用逻辑表达式。

\ MaxTime：最长等待时间，数据类型为 num，单位为 s。不使用本添加项时，系统必须等待逻辑条件满足，才能继续执行后续指令；使用本添加项时，如逻辑条件在"\ MaxTime"规定的时间内未满足条件，则进行如下处理。

①未定义添加项"\ TimeFlag"时，系统将发出等待超时报警（ERR WAIT mAXTIME），并停止。

②定义添加项"\ TimeFlag"时，则将"\ TimeFlag"指定的等待超时标志置为"TURE"状态，系统可继续执行后续指令。

\ TimeFlag：等待超时标志，数据类型为 bool。增加本添加项时，如指定的条件在"\ MaxTime"规定的时间内未能满足，则该程序数据将为"TURE"状态，系统可继续执行后续指令。

\ PollRate：检测周期，数据类型为 num，单位为 s，最小设定为 0.04 s。本添加项用来设定逻辑判断条件的状态更新周期，不使用本添加项时，系统默认的检测周期为 0.1 s。

WaitUntil 指令的编程实例如下。

WaitUntil \ Inpos, di4 = 1;　　　　　　　　　　　　　//等待到位及 di4 信号 ON

WaitUntil di1 = l AND di2 = 1 \ MaxTime： = 5;

　　　　　　　　　　　　　　　//等待到位及 di1、di2 信号 ON，5 s 后报警

…

VAR bool tmout;　　　　　　　　　　　　　　　　　　//定义超时标记

WaitUntil di1 = 1 \ MaxTime： = 5 \ TimeLag： = tmout;

　　　　　　　　　　　　　　　　　　//等待 di1 信号 ON，5 s 后继续

```
IF tmout THEN;
SetDO dol, 1;
ELSE
SetDO dol, 0;
ENDIF
```

关联知识 3：Offs 函数

Offs 函数可改变程序点 TCP 位置数据 robtarget 中的 X、Y、Z 的位置数据 pos，偏移程序点的 X、Y、Z 的值，但不能用于工具姿态的调整；命令的执行结果同样为 TCP 位置型数据 robtarget。Offs 函数的编程格式及命令参数要求如下：

Offs（Point，XOffset，YOffset，ZOffset）

Point：需要偏置的位置数据名称，数据类型为 robtarget。

Xoffset，Yoffset，Zoffset：X、Y、Z 坐标偏移量，数据类型为 num，单位为 mm。

Offs 函数的编程实例如下：

```
p1：= Offs（p1, 0, 0, 100）;                        //改变程序点的坐标值
p2：= Offs（p1, 50, 100, 150）;                     //定义新程序点
MoveL Offs（p2, 0, 0, 10）, v1000, z50, tool1;      //替代移动指令程序点
```

任务拓展

新建例行程序"GTool3"，输入表 4-30 中的程序后运行程序，并观察程序运行的情况。

表 4-30　程序清单

程序及说明	
PROC GTool3;	程序名称
WHILE DI3 =1 AND DI13 =0 DO;	如果 DI13 为"1"，并且 DI13 为 0，则
Set DO5;	设置 DO5 为"1"，快换装置打开
ClkReset　Clock2;	计时复位
ClkSetart　Clock2;	计时开始
MoveJ G10, v600, z50, tool0;	关节运动到 G10 位置
MoveJ G20, v600, z50, tool0;	关节运动到 G20 位置

续表

程序及说明	
MoveL G30，v200，fine，tool0；	线性运动到 G30 位置
Reset DO5；	设置 DO5 为 0，快换装置关闭
WaitTime 1 ；	等待 1 s
GripLoad load1	设置作业负载为 load1
MoveL G20，v200，fine，tool0；	线性运动到 G20 位置
MoveJ G10，v600，z50，tool0；	关节运动到 G10 位置
ClkStop Clock2；	计时开始
Time：＝ClkRead（Clock2）	计时写入
END WHILE	程序结束

程序添加操作步骤如下表 4 - 31 所示。

表 4 - 31 程序添加操作步骤

序号	操作步骤	图片说明
1	打开例行程序"GTool3"，点击"添加指令"，添加 WHILE 指令	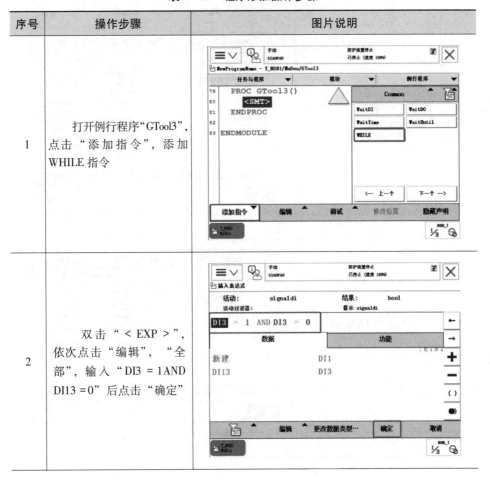
2	双击"＜EXP＞"，依次点击"编辑"，"全部"，输入"DI3＝1AND DI13＝0"后点击"确定"	

续表

序号	操作步骤	图片说明
3	设置 DO5，打开快换装置	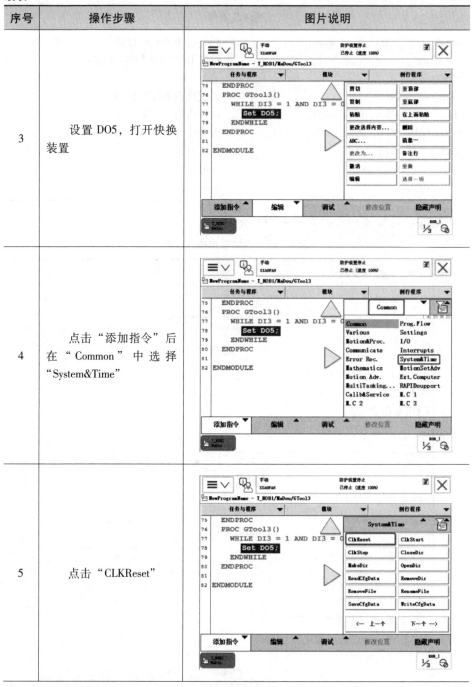
4	点击"添加指令"后在"Common"中选择"System&Time"	
5	点击"CLKReset"	

续表

序号	操作步骤	图片说明
6	双击"clock1"后点击"新建"，将其改为"clock2"后点击"确定"返回程序界面	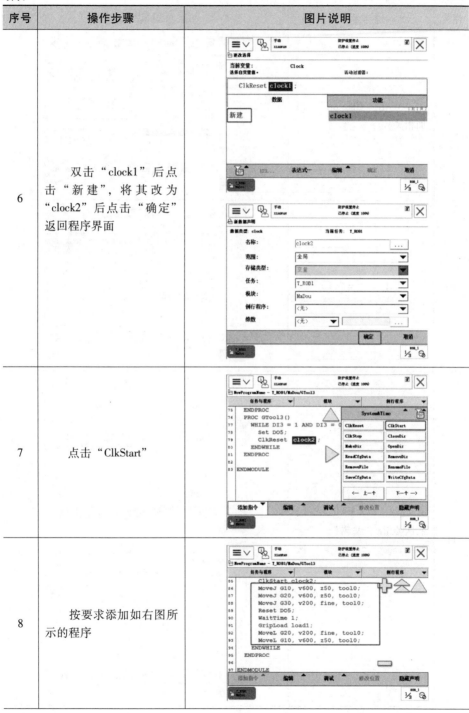
7	点击"ClkStart"	
8	按要求添加如右图所示的程序	

续表

序号	操作步骤	图片说明
9	点击"ClkStop",添加相关程序	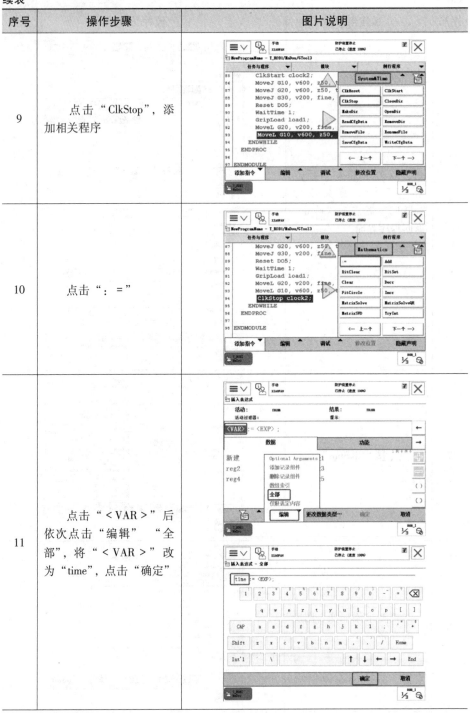
10	点击":="	
11	点击"<VAR>"后依次点击"编辑""全部",将"<VAR>"改为"time",点击"确定"	

续表

序号	操作步骤	图片说明
12	点击"＜EXP＞"后点击"功能",依次选择"ClkRead""Clock2",选择完成后点击"确定"回到程序页面	

关联知识1：WHILE 指令

系统执行 WHILE 指令时,如循环条件满足,则可执行 WHILE 至 END-WHILE 的循环指令,循环指令执行完成后,系统将再次检查循环条件,如满足则继续执行循环指令,如此循环。如果 WHILE 指令的循环条件不满足,系统可跳过 WHILE 至 ENDWHILE 的循环指令,执行 ENDWHILE 后的其他指令。

WHILE 指令的循环条件可为判别、比较式,如"Counter1 = 10""reg1 ＜reg2"等,也可以直接定义为逻辑状态"TRUE"或"FALSE"。如果循环条件直接定义为"TRUE",则 WHILE 至 ENDWHILE 的循环指令将进入无限重复;如果定义为"FALSE",则 WHILE 至 ENDWHILE 的循环指令将永远无法执行。

因此,如果子程序编写在 WHILE 至 ENDWHILE 的循环指令中,便可实现子程序的循环调用。如果需要,也可以通过后续重复执行条件执行指令,选择子程序调用方式实例如下。

如果 reg1 ＜reg2 条件成立,则一直重复执行"reg1 +1",直到条件不满足。其编程实例如下。

WHILE reg1 < reg2 DO；

Reg1：= reg1 +1；

END WHILE

关联知识2：计时指令

RAPID 程序执行计时指令可用来精确记录程序指令的执行时间，系统计时器的计时单位为 s，最大计时值为 4 294 967 s（49 天 17 时 2 分 47 秒），计时器的时间值可通过函数命令读入。

ClkReset：计时器复位指令，用于复位计时器的计时值。实例如下。

ClkReset Clock2；　　　　　　　　　　　　　　//复位数据 Clock2 的计时数值

ClkStart：计时器启动指令，用于启动计时器计时。实例如下。

ClkStart Clock2；　　　　　　　　　　　　　　//启动 Clock2 的计时器计时

ClkStop：计时器停止指令，用于停止计时器计时。实例如下。

ClkStop Clock2；　　　　　　　　　　　　　　//停止 Clock2 的计时器计时

ClkRead：计时器读入函数，用于读取计时器时间。实例如下。

time：= ClkRead（Clock2）；　　　　　　　　//读取 Clock2 的计时器计时数值

Clock2 数据类型为 clock。ClkRead 执行结果的计时数值的数据类型为 num。查看计时数据，可通过菜单程序数据，选择 num 数据查看。

温馨提示：

ABB 机器人只允许有一个"main"主程序。

任务评价

各小组在实训课程结束后，老师根据各小组的实际完成情况在表4-32中进行评价。

表4-32　实训课程完成情况评价表

序号	评分项目	得分/分	总分/分
1	对码垛工作站组成部件的熟悉度		20
2	规划工业机器人装载工具路径的熟练度		20
3	编写吸盘工具自动装载程序的熟练度		20
4	编写码垛程序的熟练度		20

续表

序号	评分项目	得分/分	总分/分
5	操作设备时是否符合安全操作规程		20
	总分/分		

任务拓展

1. 码垛工作站常见的设备有哪些？常见的码垛方式有哪些？

_____

_____

2. 简述 WHILE 指令与 FOR 指令的区别，并举例。

_____

_____

项目五

工业机器人装配编程与操作实践

 项目描述

本项目以图 5-1 中 ABB 机器人多功能操作台中装配模块为学习载体，把工业机器人装配工作站系统组成、常见装配编程指令、工业机器人数据备份与恢复等融入项目实施当中，让学员在做中学，学中做，在学做一体的过程中掌握工业机器人装配编程与操作实践。

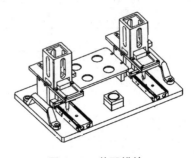

图 5-1 装配模块

 知识目标

◆ 能够知道工业机器人装配工作站的组成。

◆ 能够知道条件测试指令 TEST 的使用方法。

◆ 能够知道运算指令 Add、Incr、Decr 的使用方法。

◆ 能够知道 GOTO 指令的使用方法。

◆ 能够使用变量进行赋值。

◆ 能够知道工业机器人数据备份与恢复的方法。

能力目标

◆ 能够使用 TEST 指令编写工业机器人程序。

◆ 能够使用 Add、Incr、Decr 等指令编写工业机器人程序。

◆ 能够使用跳转指令 GOTO 编写工业机器人程序。

◆ 能够备份与恢复工业机器人的数据。

素质目标

◆ 学员具备"7S"现场管理意识。

◆ 学员具备团队协作与沟通的能力。

◆ 学员具备分析和解决问题的能力。

▶ 任务1 工业机器人装配工作站的组成 ◀

任务导入

如图 5-2 是工业机器人多功能工作台装配工作站主要组成部件。装配工作站需要工业机器人与相应的辅助设备组成一个柔性化系统后才能进行装配作业。操作者可通过示教器进行装配机器人运动位置和动作程序的示教,设定运动速度、装配参数等。

a. 控制器

b. 示教器

c. 机械臂

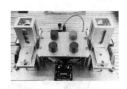

d. 装配模块

e. 空气压缩机

f. 夹爪工具

图 5-2 装配工作系统组成

任务目标

◆ 知道装配机器人的分类与特点。

◆ 知道装配工作站系统的基本组成。

◆ 知道装配工作站传感器的分类与特点。

◆ 知道装配工作站的常见周边设备。

任务实施

任务实施指引

　　首先组织学员观看工业机器人的装配视频，然后学员在老师的指导下观察工业机器人多功能工作台装配工作站的组成，并了解每个部件的名称与作用，最后学员结合老师的讲解与教材内容，了解工业机器人装配工作站常见系统组成。通过启发式教学，激发学员的学习兴趣与学习主动性。

❖ 实施步骤1：认识装配机器人

　　观看工业机器人装配视频后，各小组思考并讨论视频中看到的装配机器人的类型及其使用的工具类型。

关联知识1：装配机器人分类

　　装配机器人的出现，可大幅度提高生产效率，保证装配精度，减轻劳动者生产强度。装配机器人在各装配生产线上发挥着强大的装配作用。装配机器人大多由4～6轴组成。目前市场上常见的装配机器人，按臂部运动形式可分为直角式装配机器人和关节式装配机器人。其中，关节式装配机器人又可分为水平串联关节式机器人、垂直串联关节式机器人和并联关节式机器人，如图5-3所示。

a. 直角式装配机器人　　b. 水平串联关节式　　c. 垂直串联关节式　　d. 并联关节式
　　　　　　　　　　　　装配机器人　　　　　装配机器人　　　　装配机器人

图5-3　装配机器人分类

1. 直角式装配机器人

直角式装配机器人又称单轴机械手，以直角坐标系统为基本教学模型，整体结构模块化设计。直角式装配机器人是目前工业机器人中最简单的一类，具有操作、编程简单等优点，可用于零部件移送、简单插入、旋拧等作业，机构上多装备球形螺钉和伺服电动机。该类型机器人现已广泛应用于节能灯装配、电子类产品装配和液晶屏装配等场合（如图5－4所示）。

图5－4　直角式装配机器人装配缸体

2. 关节式装配机器人

关节式装配机器人是目前装配生产线上应用最广泛的一类机器人，具有结构紧凑、占地空间小、相对工作空间大、自由度高等优点，几乎适合任何轨迹或角度工作，易实现自动化生产等特点。

（1）水平串联关节式装配机器人。该类型机器人也称为平面关节型装配机器人或 SCARA 机器人，是目前装配生产线上应用数量最多的一类装配机器人。它属于精密型装配机器人，具有速度快、精度高、柔性好等特点。该类型机器人多使用交流伺服电动机，保证其较高的重复定位精度，可广泛应用于电子、机械和轻工业等产品的装配，可满足工厂柔性化生产需求（如图5－5所示）。

（2）垂直串联关节式装配机器人。垂直串联关节式装配机器人多为6个自由度，可在空间任意位置确定任意位姿，适用于三维空间任意位置和姿势的作业。如图5－6所示为 FAUNC LR Mate200iC 垂直串联关节式装配机器人进行摩托车零部件的装配。

（3）并联关节式装配机器人。该类型机器人也称为拳头机器人、蜘蛛机器人或 Delta 机器人，是一种轻型、结构紧凑的高速装配机器人，可安装在任意倾斜角度上，独特的并联机构可实现快速、敏捷的动作且减少了非积累定位误差。目前在装配领域，并联关节式装配机器人有两种形式可供选择，即3轴手腕（合计6轴）和1轴手腕（合计4轴）。它们都具有小巧高效、安装方便、精度灵敏等优点，广泛应用于电子装配等领域。如图 5 - 7 所示为 FAUNC M - 1iA 并联关节式装配机器人进行键盘装配作业的场景。

图 5 - 5　水平串联关节式装配机器人拾放超薄硅片

图 5 - 6　垂直串联关节式装配机器人装配摩托车零部件

图 5 - 7　并联关节式装配机器人组装键盘

通常装配机器人的本体与搬运机器人、焊接机器人、涂装机器人的本体在精度制造上有一定的差别，原因在于机器人在完成焊接、涂装作业时，没有与作业对象接触，只需示教机器人运动轨迹即可，而装配机器人需与作业对象直接接触，并进行相应动作。搬运机器人、码垛机器人在移动物料时运动轨迹多为开放性，而装配作业是一种约束运动类操作，即装配机器人的精度要高于搬运机器人、码垛机器人、焊接机器人和涂装机器人。

在实际应用中无论是直角式装配机器人还是关节式装配机器人都有如下特性。

（1）能够实时调节生产节拍和末端执行器动作状态。

（2）可更换不同末端执行器以适应装配任务的变化。

（3）能够与零件供给器、输送装置等辅助设备集成，实现柔性化生产。

（4）多带传感器，如视觉传感器、力传感器等，以保证装配任务的精确性。

关联知识 2：装配机器人的优点

装配机器人是工业生产中应用在装配生产线上对零件或部件进行装配的一类工业机器人。装配机器人的主要优点如下。

（1）操作速度快，加速性能好。

（2）精度高，具有极高的重复定位精度，可缩短工作循环时间，可保证装配精度。

（3）可提高生产效率，解放单一繁重的体力劳动。

（4）可使工人摆脱有毒、有辐射的装配环境。

（5）可靠性好，适应性强，稳定性高。

关联知识 3：装配机器人的末端执行器

装配机器人的末端执行器是夹持工件移动的一种夹具，类似于搬运机器人、码垛机器人的末端执行器。装配机器人常见的末端执行器有吸附式、夹钳式、专用式和组合式这几种。

1. 吸附式末端执行器

吸附式末端执行器广泛应用于电视、录音机、鼠标等轻小工件的装配场合。

2. 夹钳式末端执行器

夹钳式末端执行器是装配过程中最常用的一类末端执行器，多采用气动或伺服电动机驱动，闭环控制配备传感器可实现准确控制末端执行器启动、停止及其转速，并对外部信号做出准确反映。夹钳式末端执行器具有重量轻、出力大、速度高、惯性小、灵敏度高、转动平滑、力矩稳定等特点（如图 5-8 所示）。

3. 专用式末端执行器

专用式末端执行器是在装配中针对某一类装配场合单独设计的末端执行器，且部分带有磁力，主要是针对螺钉、螺栓的装配，同样也多采用气动或伺服电动机驱动（如图 5-8 所示）。

4. 组合式末端执行器

组合式末端执行器在装配作业中是通过组合获得各单组末端执行器优势的一类末端执行器，灵活性较大，多用于工业机器人需要相互配合装配的场合，可节约时间，提高效率（如图 5-8 所示）。

夹钳式末端执行器　　　专用式末端执行器　　　组合式末端执行器

图 5-8　装配机器人的末端执行器

关联知识 4：装配机器人的传感器

带有传感器的装配机器人可更好地完成销、轴、螺钉、螺栓等的装配作业。在装配机器人作业中常用到的传感器有视觉传感器和触觉传感器。

1）视觉传感器

配备视觉传感器的装配机器人可依据需要选择合适的装配零件，并进行粗定位和位置补偿，完成零件平面测量、现状识别等作业视觉传感器的原理如图5-9所示。

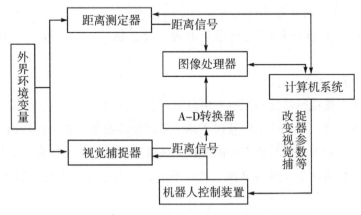

图5-9　视觉传感器的原理

2）触觉传感器

装配机器人的触觉传感器主要用于实时检测机器人与被装配物件之间的配合。触觉传感器可分为接触觉传感器、接近觉传感器、压觉传感器、滑觉传感器和力觉传感器。在装配机器人进行简单工作过程中常用到的有接触觉传感器、接近觉传感器和力觉传感器。

（1）接触觉传感器。接触觉传感器一般固定在末端执行器的顶端，只有末端执行器与被装配物件相互接触时才起作用。接触觉传感器由微动开关、导电橡胶、含碳海绵、碳素纤维、气动复位式装置等组成。接触觉传感器用途不同配置也会不同，它可用于探测物体位置、路径和安全保护，属于分散装置，即需要将传感器单个安装到末端执行器敏感部位（如图5-10所示）。

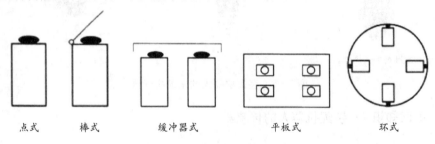

点式　　　棒式　　　　缓冲器式　　　　平板式　　　　环式

图5-10　装配机器人末端执行器

（2）接近觉传感器。接近觉传感器同样固定在末端执行器的顶端，其在末端执行器与被装配物件接触前起作用，能测出末端执行器与被装配物件之间的距离、相对角度，甚至表面性质等，属于非接触式传感，常见接近觉传感器如图 5-11 所示。

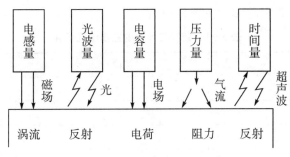

图 5-11　常见接近觉传感器

（3）力觉传感器。力觉传感器普遍用于各类机器人中，在装配机器人中力觉传感器不仅用于测量末端执行器与环境作用过程中的力，还用于测量装配机器人自身运动控制和末端执行器夹持物体的夹持力等场合。常见装配机器人的力觉传感器分为如下几类。

①关节力传感器，即安装在机器人关节驱动器的力觉传感器，主要测量驱动器本身的输出力和力矩。

②腕力传感器，即安装在末端执行器和机器人最后一个关节间的力觉传感器，主要测量作用在末端执行器各个方向上的力和力矩。

③指力传感器，安装在手爪指关节上的传感器，主要测量夹持物件的受力状况。

关节力传感器测量关节受力，信息量单一，结构也相对简单。指力传感器的测量范围相对较窄，也受到手爪尺寸和重量的限制。腕力传感器是一种相对较复杂的传感器，能获得手爪 3 个方向的受力，信息量较多，安装部位特别，容易产业化，如图 5-12 所示为几种常见的腕力传感器。

a　　　　　　　b　　　　　　　c　　　　　　　d

5-12　常见腕力传感器

❖ **实施步骤 2：认识工业机器人装配工作站主要组成部件**

各小组观察工业机器人多功能工作台，说说工作台中装配工作站由哪些部件组成，并将部件名称填写在表 5 - 1 中。

表 5 - 1　装配工作站的主要组成部件

序号	名称
1	
2	
3	
4	
5	
6	

关联知识 1：装配工作站的常见周边设备

装配机器人工作站是一种融合计算机技术、微电子技术、网络技术等多种技术的集成化系统，其可与生产系统相连形成一个完整的集成化装配生产线。装配机器人完成一项装配工作，除需要装配机器人以外，还需要一些辅助设备，并且这些辅助设备比机器人主体占地面积大。因此，为了节约生产空间，提高装配效率，应合理地布局装配机器人的工位布局，这样才能实现生产效益最大化。

装配机器人常见的周边设备有零件供给器、输送装置等。具体介绍如下。

1. 零件供给器

零件供给器的主要作用是提供机器人装配作业所需零件，确保装配作业正常进行。目前应用最多的零件供给器主要给料器和托盘，可通过控制器编程控制。

（1）给料器。给料器用振动或回转机构将零件排齐，并逐个送到指定位置，以输送小零件为主（如图 5 - 13 所示）。

（2）托盘。大零件或易损坏划伤的零件应放入托盘中进行运输。托盘能按一定精度要求将零件送到指定位置，由于托盘容纳量有限，故在实际生产中往往带有托盘自动更换机构，满足生产需求，托盘如图 5 - 14 所示。

图 5 - 13　给料器

图 5 - 14　托盘

2．输送装置

在装配生产线上，输送装置将工件输送到各作业点。输送装置通常以传送带为主，零件随传送带一起运动，或借助传感器或限位开关实现传送带和托盘同步运行，方便装配。

关联知识 2：装配工作站工位的布局

装置工作站的工位是由装配机器人组成的柔性化装配单元，可实现物料自动装配，合理的工位布局将直接影响到生产效率。在实际生产中，常见的装配工作站采用回转式和线式布局。

1．回转式布局

采用回转式布局的工作站可将装配机器人聚集在一起进行配合装配，也可进行单工位装配。回转式布局工作站灵活性较大，可针对一条或两条生产线，不仅具有较小的输送线成本，还可减小占地面积，广泛应用于大、中型装配作业中（如图 5 - 15 所示）。

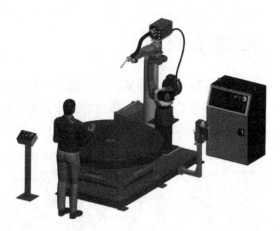

图 5 - 15　回转式布局

2．线式布局

采用线式布局的工作站，装配机器人排布于生产线的一侧或两侧，具有生产效率高，节省装配资源，节约人员维护，一人便可监视全线装配等优点，广泛应用于小物件装配场合中（如图 5 - 16 所示）。

图 5 - 16 线式布局

任务拓展

简述装配机器人的优点。

_____

_____

▶ 任务2 工业机器人装配应用编程与操作实践 ◀

任务导入

装配机器人在不同装配生产线上发挥着强大的装配作用。请学员结合前面学习的知识与工业机器人多功能工作台装配模块，完成装配模块程序的编写与调试，实现工业机器人工作台装配模块中零件的自动装配并入库。图 5 - 17 中分别展示了装配模块初始状态、装配模块完成状态和装配成品入库状态。

a. 装配模块初始状态   b. 装配模块完成状态   c. 装配成品入库状态

图 5 - 17 工业机器人多功能工作台装配应用

◆ 能够使用 TEST 指令编写工业机器人程序。

◆ 能够使用 Add、Incr、Decr 指令编写工业机器人程序。

◆ 能够使用 GOTO 指令编写工业机器人程序。

◆ 能够使用数字应答对话指令 TPReadNum 编写工业机器人程序。

◆ 能够编程完成工业机器人多功能工作台装配模块的自动装配。

任务实施

任务实施指引

在老师的指导下，学员观看工业机器人工作台自动装配作业的流程，明确本节课堂任务目标，然后老师引导学员一步一步拆解任务，如拆解成 TEST 指令、Incr 指令、TPReadNum 指令的使用，最终要求学员操纵工业机器人完成装配模块自动装配及入库工作。通过启发式教学，激发学员的学习兴趣与学习主动性。

❖ **实施步骤 1：配置装配工作站 I/O 信号**

实施过程 1：确定 I/O 信号

查看工业机器人多功能工作台电气图，确定装配模块作业需要的 I/O 信号以及对应的接线端口。如图 5-18 是工业机器人多功能工作台装配模块对应的 I/O 信息。

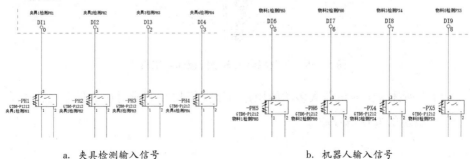

a. 夹具检测输入信号   b. 机器人输入信号

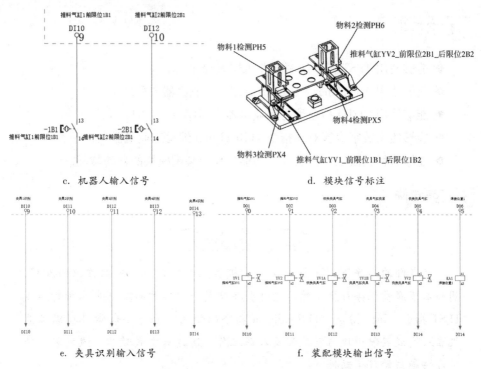

c. 机器人输入信号　　　　　　　　d. 模块信号标注

e. 夹具识别输入信号　　　　　　　f. 装配模块输出信号

图 5-18　工业机器人多功能工作台装配模块 I/O 电气图

装配模块作业需要的末端执行器为图 5-19 中的夹具 2 通过控制夹具的打开或关闭实现物料的释放与抓起。

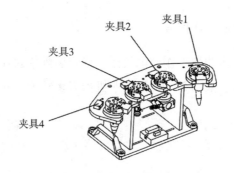

图 5-19　工业机器人多功能操作台工具库

综上所述，工业机器人多功能操作台装配模块在完成对应的作业时需要表 5-2 中所示的 I/O 信号。

表 5-2　装配模块的 I/O 信号

序号	I/O 类型	I/O 定义	映射接线地址
1	DI2	夹具 2 检测	1
2	DI5	右槽物料检测	4
3	DI6	左槽物料检测	5
4	DI7	右槽物料到位检测	6
5	DI8	左槽物料到位检测	7
6	DI9	右槽气缸到位检测	8
7	DI10	左槽气缸到位检测	9
8	DI12	夹具 2 有识别	10
9	DO1	右槽气缸送料	0
10	DO2	左槽气缸送料	1
11	DO3	夹具打开	2
12	DO4	夹具关闭	3
13	DO5	快换夹具气缸松开	4

实施过程 2：配置 I/O 信号

根据表 5-2 中确定的装配模块 I/O 信号信息，使用 ABB 机器人示教器添加 I/O 信号到机器人系统中，并将 DO1、DO2、DO3、DO4 等输出信号配置成示教器的快捷键。

❖ **实施步骤 2：新建例行程序**

实施过程 1：规划装配机器人的运动轨迹

结合项目三学习的内容和工业机器人装配台与装配零件图（图 5-20）规划装配机器人完成装配作业的运行轨迹。

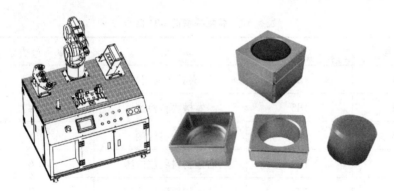

图 5 - 20　工业机器人装配台与装配零件图

实施过程 2：新建例行程序

结合项目四学习的内容完成表 5 - 3 中装配应用例行程序的编写。

表 5 - 3　装配应用例行程序

序号	例行程序	名称	用到的编程指令
1	末端执行器装载		
3	装配工具打开		
4	装配工具关闭		
5	右边气缸送料		
6	左边气缸送料		

　　结合制定的工业机器人运行轨迹，用 ABB 机器人示教器编写轨迹程序，程序清单见表 5 - 4。

表 5 - 4　程序清单

轨迹程序	说明
PROC zhuangpei;	程序名称
get_ tool2;	调用例行程序工具装载
MoveJ phome, v600, z50, tool0;	移动到原点位置
Clamp_ open;	调用例行程序工具打开
CangKu1;	调用例行程序右边气缸送料
CangKu2;	调用例行程序左边气缸送料
WaitUntil DI7 = 1 AND DI8 = 1;	等待左、右槽物料到位信号
MoveJ offs（pq, 0, 0, 100）, v600, z50, tool0;	移动到右边取料位置 Z 方向 100 mm
MoveL pq, v400, fine, tool0;	移动到右边取料位置

续表

轨迹程序	说明
Clamp_ close;	调用例行程序工具关闭
MoveL offs (pq, 0, 0, 100), v600, fine, tool0;	移动到右边取料位置 Z 方向 100 mm
MoveJ offs (pf, 0, 0, 180), v600, fine, tool0;	移动到放料位置 Z 方向 180 mm
MoveL pf, v200, fine, tool0;	移动到右边放料位置
Clamp_ open;	调用例行程序工具打开
MoveJ offs (pf, 0, 0, 180), v600, fine, tool0;	移动到放料位置 Z 方向 180 mm
MoveJ offs (pqz, 0, 0, 100), v600, fine, tool0;	移动到左边取料位置 Z 方向 100 mm
MoveL pqz, v600, fine, tool0;	移动到左边取料位置
Clamp_ close;	调用例行程序工具关闭
MoveJ offs (pqz, 0, 0, 100), v600, fine, tool0;	移动到左边取料位置 Z 方向 100 mm
MoveJ offs (pf, 0, 0, 180), v600, fine, tool0;	移动到放料位置 Z 方向 180 mm
MoveL pfz, v400, fine, tool0;	移动到左边放料位置
Clamp_ open;	调用例行程序工具打开
MoveJ offs (pf, 0, 0, 180), v600 fine, tool0;	移动到放料位置 Z 方向 180 mm
TEST reg1	测试 reg1 数据数值
CASE 0:	当测试值 reg1 为 0 时
MoveJ offs (pqy, 0, 0, 70), v300, fine, tool0;	移动到 1 号取圆料位置 Z 方向 70 mm
MoveL pqy, v300, fine, tool0;	移动到 1 号取圆料位置
Clamp_ close;	调用例行程序工具关闭
MoveL offs (pqy, 0, 0, 70), v300, fine, tool0;	移动到 1 号取圆料位置 Z 方向 70 mm
MoveJ offs (pf, 0, 0, 180), v600, fine, tool0;	移动到放料位置 Z 方向 180 mm
MoveL pfy, v400, fine, tool0;	移动到放圆料位置
Clamp_ open;	调用例行程序工具打开
MoveL pfy10, v400, fine, tool0;	移动到成品夹取过渡位置
MoveL pfy20, v400, fine, tool0;	移动到成品夹取位置
Clamp_ close;	调用例行程序工具关闭
MoveJ offs (pf, 0, 0, 180), v600, fine, tool0;	移动到放料位置 Z 方向 180 mm
MoveJ pku20, v600, fine, tool0;	移动到 1 号成品入库前位置
MoveJ pku10, v600, fine, tool0;	移动到 1 号成品仓库放置位上方安全位
MoveL pku, v600, fine, tool0;	移动到 1 号成品仓库放置位
Clamp_ open;	调用例行程序工具打开
MoveL pku10, v600, fine, tool0;	移动退出，1 号成品仓库放置位上方安全位
MoveL pku20, v600, fine, tool0;	移动退出至 1 号成品入库前位置
MoveJ pku30, v600, fine, tool0;	移动至外围 1 号安全位

续表

轨迹程序	说明
MoveJ phome, v300, fine, tool0;	入库完成回到原点
Incr reg1;	reg1 数据加 1
CASE 1:	
MoveJ offs（pqy, 0, 70, 70）, v300, fine, tool0;	移动到 2 号取圆料位置 Z 方向 70 mm
MoveL offs（pqy, 0, 70, 0）, v300, fine, tool0;	移动到 2 号取圆料位置
Clamp_ close;	调用例行程序工具关闭
MoveL offs（pqy, 0, 70, 70）, v300, fine, tool0;	移动到 2 号取圆料位置 Z 方向 70 mm
MoveJ offs（pf, 0, 0, 180）, v600, fine, tool0;	移动到放料位置 Z 方向 180 mm
MoveL pfy, v400, fine, tool0;	移动到放圆料位置
Clamp_ open;	调用例行程序工具打开
MoveL pfy10, v400, fine, tool0;	移动到成品夹取过渡位置
MoveL pfy20, v400, fine, tool0;	移动到成品夹取位置
Clamp_ close;	调用例行程序工具关闭
MoveJ offs（pf, 0, 0, 180）, v600, fine, tool0;	移动到放料位置 Z 方向 180 mm
MoveJ offs（pku20, 58, 0, 0）, v600, fine, tool0;	移动到 2 号成品入库前位置
MoveJ offs（pku10, 58, 0, 0）, v600, fine, tool0;	移动到 2 号成品仓库放置位上方安全位
MoveL offs（pku, 58, 0, 0）, v600, fine, tool0;	移动到 2 号成品仓库放置位
Clamp_ open;	调用例行程序工具打开
MoveL offs（pku10, 58, 0, 0）, v600, fine, tool0;	移动退出，2 号成品仓库放置位上方安全位
MoveJ offs（pku20, 58, 0, 0）, v600, fine, tool0;	移动退出至 2 号成品入库前位置
MoveJ offs（pku30, 58, 0, 0）, v600, fine, tool0;	移动至外围 2 号安全位
MoveJ phome, v600, fine, tool0;	入库完成回到原点
Incr reg1;	
CASE 2:	
MoveJ offs（pqy, 60, 0, 70）, v300, fine, tool0;	移动到 3 号取圆料位置 Z 方向 70 mm
MoveL offs（pqy, 60, 0, 0）, v300, fine, tool0;	移动到 3 号取圆料位置
Clamp_ close;	调用例行程序工具关闭
MoveL offs（pqy, 60, 0, 70）, v300, fine, tool0;	移动到 3 号取圆料位置 Z 方向 70 mm
MoveJ offs（pf, 0, 0, 180）, v600, fine, tool0;	移动到放料位置 Z 方向 180 mm
MoveL pfy, v400, fine, tool0;	移动到放圆料位置
Clamp_ open;	调用例行程序工具打开
MoveL pfy10, v400, fine, tool0;	移动到成品夹取过渡位置
MoveL pfy20, v400, fine, tool0;	移动到成品夹取位置
Clamp_ close;	调用例行程序工具关闭

续表

轨迹程序	说明
MoveJ offs（pf, 0, 0, 180），v600, fine, tool0；	移动到放料位置 Z 方向 180 mm
MoveJ offs（pku20, 116, 0, 0），v600, fine, tool0；	移动到 3 号成品入库前位置
MoveJ offs（pku10, 116, 0, 0），v600, fine, tool0；	移动到 3 号成品仓库放置位上方安全位
MoveJ offs（pku, 116, 0, 0），v600, fine, tool0；	移动到 3 号成品仓库放置位
Clamp_ open；	调用例行程序工具打开
MoveJ offs（pku10, 116, 0, 0），v600, fine, tool0；	移动退出，3 号成品仓库放置位上方安全位
MoveJ offs（pku20, 116, 0, 0），v600, fine, tool0；	移动退出至 3 号成品入库前位置
MoveJ offs（pku30, 116, 0, 0），v600, fine, tool0；	移动至外围 3 号安全位
MoveJ phome, v600, fine, tool0；	入库完成回到原点
Add reg1, 1；	reg1 数据加 1
CASE 3：	
MoveJ offs（pqy, 60, 70, 70），v300, fine, tool0；	移动到 3 号取圆料位置 Z 方向 70 mm
MoveJ offs（pqy, 60, 70, 0），v300, fine, tool0；	移动到 3 号取圆料位置
Clamp_ close；	调用例行程序工具关闭
MoveL offs（pqy, 60, 70, 70），v300, fine, tool0；	移动到 3 号取圆料位置 Z 方向 70 mm
MoveL offs（pf, 0, 0, 180），v600, fine, tool0；	移动到放料位置 Z 方向 180 mm
MoveL pfy, v400, fine, tool0；	移动到放圆料位置
Clamp_ open；	调用例行程序工具打开
MoveL pfy10, v400, fine, tool0；	移动到成品夹取过渡位置
MoveL pfy20, v400, fine, tool0；	移动到成品夹取位置
Clamp_ close；	调用例行程序工具关闭
MoveJ offs（pf, 0, 0, 180），v600, fine, tool0；	移动到放料位置 Z 方向 180 mm
MoveJ offs（pku20, 174, 0, 0），v600, fine, tool0；	移动到 3 号成品入库前位置
MoveJ offs（pku10, 174, 0, 0），v600, fine, tool0；	移动到 3 号成品仓库放置位上方安全位
MoveJ offs（pku, 174, 0, 0），v600, fine, tool0；	移动到 3 号成品仓库放置位
Clamp_ open；	调用例行程序工具打开
MoveJ offs（pku10, 174, 0, 0），v600, fine, tool0；	移动退出，3 号成品仓库放置位上方安全位
MoveJ offs（pku20, 174, 0, 0），v600, fine, tool0；	移动退出至 3 号成品入库前位置
MoveJ offs（pku30, 174, 0, 0），v600, fine, tool0；	移动至外围 3 号安全位
MoveJ phome, v600, fine, tool0；	入库完成回到原点
Add reg1, 1；	reg1 数据加 1
ENDTEST	
ENDPROC	

装配夹具打开的例行程序如表 5 - 5 所示。

表 5 - 5　装配夹具打开的例行程序

例行程序
PROC　　　Clamp Open; Reset DO4; 　Set DO3; 　WaitTime 0. 5; ENDPROC

装配夹具关闭的例行程序如表 5 - 6 所示。

表 5 - 6　装配夹具关闭的例行程序

例行程序
PROC　　　Clamp Close; Reset DO3; 　Set DO4; 　WaitTime 0. 5; ENDPROC

右边气缸送料的例行程序如表 5 - 7 所示。

表 5 - 7　右边气缸送料的例行程序

例行程序
PROC Cang Ku1; IF DI5 = 1 THEN; 　Set DO1; 　WaitDI DI9, 1; 　Reset DO1; 　WaitDI DI7, 1; ELSEIF　DI5　= 0 THEN 　RETURN ENDIF ENDPROC

左边气缸送料的例行程序如表 5 - 8 所示。

表 5 - 8　左边气缸送料的例行程序

例行程序
PROC Cang Ku2;   IF DI6 = 1 THEN; 　Set DO2; 　WaitDI DI10, 1; 　Reset DO2; 　WaitDI DI8, 1; 　ELSEIF　DI6　=   0 THEN 　　RETURN 　ENDIF   ENDPROC

添加自动装配程序的操作步骤如表 5 - 9 所示。

表 5 - 9　添加自动装配程序的操作步骤

序号	操作步骤	图片说明
1	新建例行程序"zhuangpei"，输入例行程序调用工具"tool2"，并添加机器人移动到原点位姿的指令	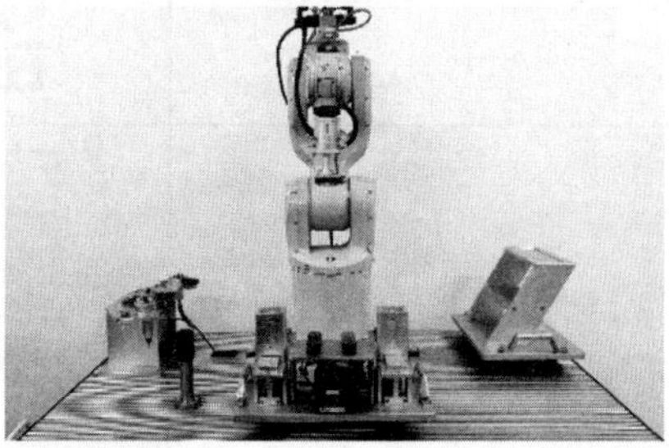 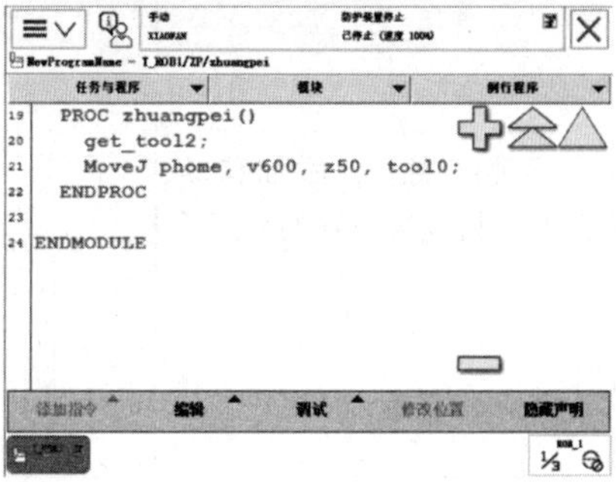

续表

序号	操作步骤	图片说明
2	左、右气缸送料后，添加移动到右边取料位置的程序	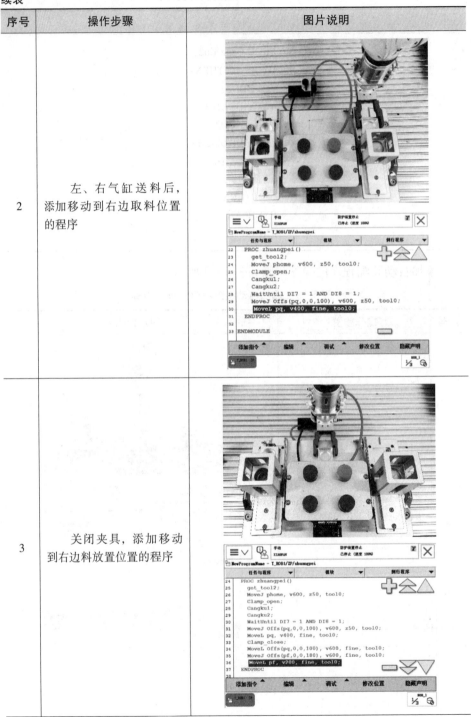
3	关闭夹具，添加移动到右边料放置位置的程序	

续表

序号	操作步骤	图片说明
4	添加移动到左边取料位置的程序	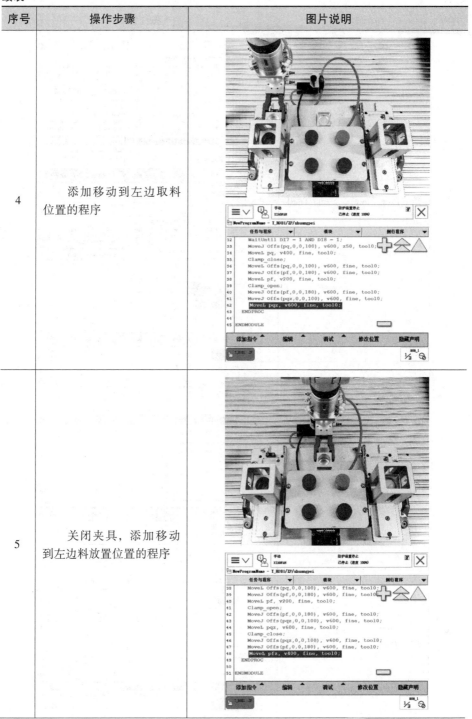
5	关闭夹具，添加移动到左边料放置位置的程序	

续表

序号	操作步骤	图片说明
6	点击"Common"后选择"Prog. Flow",添加 TEST 指令	
7	双击 TEST 指令,点击"添加 CASE",添加 3 个后点击"确定"	
8	点击"＜EXP＞",选择"reg1"后点击"确定"	

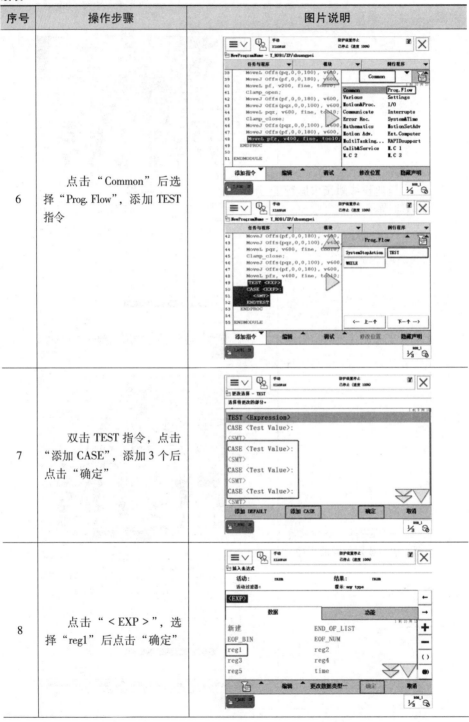

续表

序号	操作步骤	图片说明
9	点击第一个 CASE 的"＜EXP＞"后，依次点击"编辑""全部"	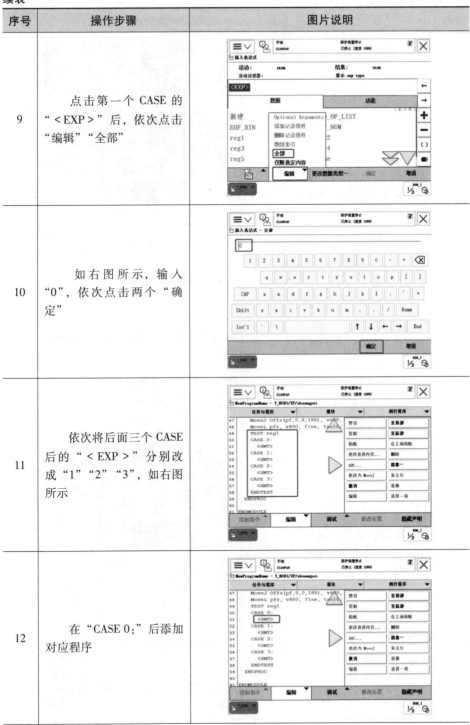
10	如右图所示，输入"0"，依次点击两个"确定"	
11	依次将后面三个 CASE 后的"＜EXP＞"分别改成"1""2""3"，如右图所示	
12	在"CASE 0："后添加对应程序	

续表

序号	操作步骤	图片说明
13	添加移动到取圆柱料位置的程序	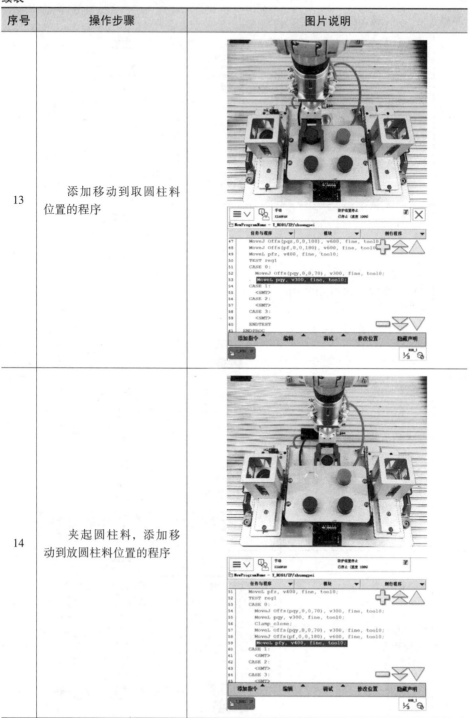
14	夹起圆柱料，添加移动到放圆柱料位置的程序	

续表

序号	操作步骤	图片说明
15	添加入库夹起位置程序，并夹紧工件使其移动到 Z 轴方向 180 mm 的位置	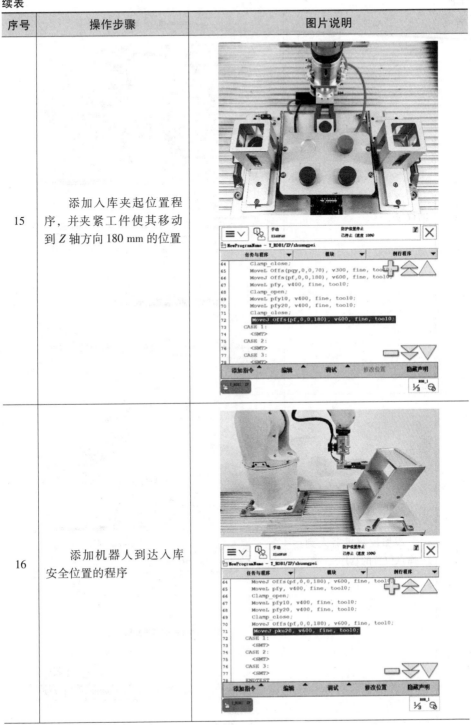
16	添加机器人到达入库安全位置的程序	

续表

序号	操作步骤	图片说明
17	添加入库点上方位置的程序	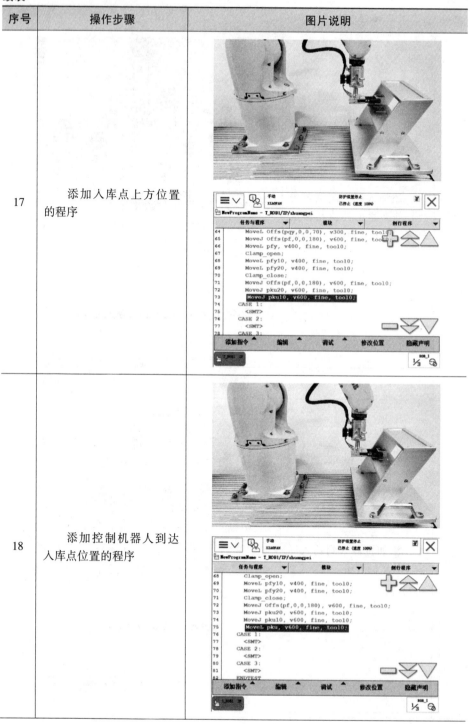
18	添加控制机器人到达入库点位置的程序	

续表

序号	操作步骤	图片说明
19	点击"Common"后选择"Mathematics",然后添加 Incr 指令	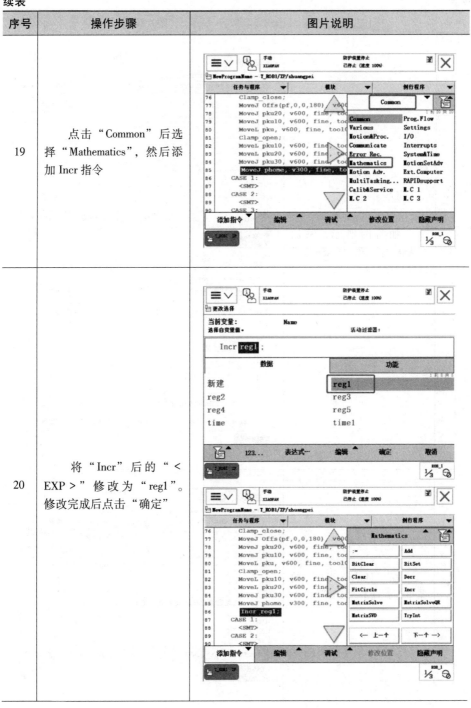
20	将"Incr"后的"<EXP>"修改为"reg1"。修改完成后点击"确定"	

续表

序号	操作步骤	图片说明
21	如右图所示，添加"CASE 1:"和"CASE 2:"后的程序	
22	在"Mathematics"的菜单下，点击"Add"	

续表

序号	操作步骤	图片说明
23	"Add"后的第一个"＜EXP＞"选用"reg 1"和第二个"＜EXP＞"改为"1"	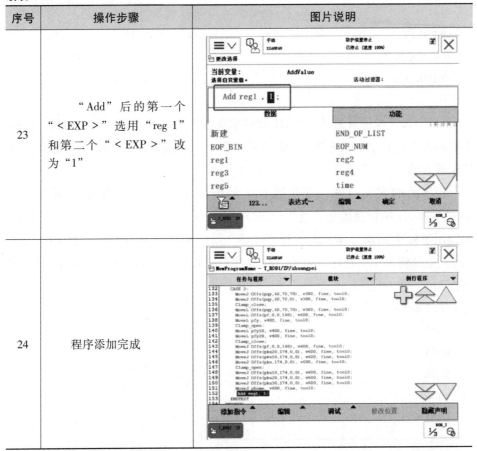
24	程序添加完成	

温馨提示：

程序点位置偏移前需要检测偏移点的距离。

关联知识1：TEST 条件调用

RAPID 普通子程序的 TEST 条件调用，可通过条件测试 TEST 指令实现，子程序调用指令（子程序名称）可编写在所需的位置。TEST 指令的编程格式如下。

TEST＜测试数据＞

CASE＜测试值＞，＜测试值＞，…

　调用子程序；

CASE＜测试值＞，＜测试值＞，…

```
    调用子程序;
    …
DEFAULT:
    调用子程序;
ENDTEST
    …
```

TEST 条件调用可通过对 TEST 测试数据的检查,按 CASE 指定的值,执行不同的指令。其中,程序中 CASE 的使用次数不受限制,DEFAULT 可根据需要使用或省略。

由下面的实例可知,寄存器 reg1 的值为 1、2、3,系统将调用子程序 work1,work1 执行完成后,跳转至指令 Reset do1;如 reg1 的值为 4 或 5,系统将调用子程序 work2,work2 执行完成后,跳转至指令 Reset do1;如 reg1 的值为 6,系统将调用子程序 work3,work3 执行完成后,跳转至指令 Reset do1。其实例如下。

```
TEST reg1
CASE 1, 2, 3:
work1;
CASE 4, 5:
work2;
CASE 6:
work3;
ENDTEST
Reset do1;
    …
```

关联知识 2:运算指令

1. 加运算:Add

同类型程序数据加运算,结果保存在被加数上,加数可使用负号。实例如下。

```
Add reg1, 3;                          // reg1 = reg1 + 3
Add reg1, -2;                         // reg1 = reg1 - 2
```

2. 数值增 1:Incr

指定的程序数据数值增 1。实例如下。

Incr reg1；　　　　　　　　　　　　　　　　　　　　　　// reg1 = reg1 + 1

3. 数值减1：Decr

指定的程序数据数值减1。实例如下。

Decr reg1；　　　　　　　　　　　　　　　　　　　　　　// reg1 = reg1 − 1

4. 数据清除：Clear

清除指定程序数据的数值。实例如下。

Clear reg1；　　　　　　　　　　　　　　　　　　　　　　// reg1 = 0

运算指令在 RAPID 程序中的编程实例如下。注意 Add 指令的被加数与加数的数据类型必须一致，否则需要通过数据转换指令，进行 num、dnum 的格式转换。

Clear reg1；　　　　　　　　　　　　　　　　　　　　　　// reg1 = 0

Add reg1，3；　　　　　　　　　　　　　　　　　　　　// reg1 = reg1 + 3

Add reg1， − reg2；　　　　　　　　　　　　　　　　// reg1 = reg1 − reg2

Incr reg1；　　　　　　　　　　　　　　　　　　　　　　// reg1 = reg1 + 1

Decr reg1；　　　　　　　　　　　　　　　　　　　　　　// reg1 = reg1 − 1

关联知识3：程序返回指令 RETURN

普通程序被其他模块或程序调用时，可通过结束指令 ENDPROC 或指令 RETURN 返回原程序。由下面关于子程序 rWelcheck 的实例可知，如系统开关量输入信号 di01 的状态为"1"，程序将执行指令 RETURN，直接结束并返回，否则将执行文本显示指令 TPWrite，在示教器上显示"Welder is not ready"，然后通过 ENDPROC 指令结束并返回。

```
    PROC rWelcheck（）
IF di01： = 1 THEN
        RETURN
ENDIF
TPWrite " Welder is not ready "
ENDPROC
```

实施过程3：程序校验、调试

调用例行程序"zhuangpei"，单步低速运行，查看机器人运行轨迹是否合理，校验过程中可优化机器人各点姿态。机器人单步运行正常后，可使其在手动模式下提速自动运行一周，确保其在自动模式下不会发生碰撞。

知识拓展

关联知识 1：GOTO 指令

GOTO 指令可中止后续指令的执行，并使程序直接转移至跳转目标（La-bel）位置继续执行。跳转目标以字符的形式表示，它需要单独占一指令行，并以 "："结束；跳转目标既可位于 GOTO 指令之后（向下跳转），也可位于 GO-TO 指令之前（向上跳转）。如果需要，GOTO 指令还可结合 IF、TEST、FOR、WHILE 等条件判断指令一起使用，以实现程序的条件跳转及分支等功能。

利用 GOTO 指令和 IF 指令实现程序跳转、重复执行、分支转移的编程实例如下。

```
GOTO A;                              //跳转至跳转目标处继续（向下跳转）
...                                  //被跳过的指令
A:                                   //跳转目标
...
```

温馨提示：

　GOTO 指令要与跳转目标配合使用。

❖ **实施步骤 3：装配自动运行**

新建主程序 "Main"，然后依次调用装载工具例行程序、装配例行程序，然后将机器人调至自动运行模式，使其先低速自动运行，确定没有问题后，调快速度运行。

任务评价

各小组在实训课程结束后，老师根据各小组的实际完成情况在表 5 - 10 中进行评价。

表 5 - 10　实训课程完成情况评价表

序号	评分项目	得分/分	总分/分
1	对装配工作站组成部件的熟悉度		10

续表

序号	评分项目	得分/分	总分/分
2	装配 I/O 信号的熟练度		10
3	编写与运行装配工具自动装载程序的熟练度		10
4	编写与运行夹具打开、关闭程序的熟练度		10
5	编写与运行左右气缸送料程序的熟练度		10
6	编写与运行装配程序的熟练度		40
7	操作设备时是否符合安全操作规程		10
	总分/分		100

任务拓展

如何使用 GOTO 指令替代 TEST 指令完成装配应用编程?

▶ 任务 3　工业机器人系统备份与恢复 ◀

任务导入

在工厂中,每天工作结束后都会对机器人系统备份,这样的话,如果出现误删文件的情况时,能够及时通过备份的系统进行系统恢复操作,从而减少不必要的损失。

任务目标

◆ 掌握 ABB 机器人系统备份的操作步骤。

◆ 掌握 ABB 机器人系统恢复的操作步骤。

◆ 掌握 ABB 机器人单独导入程序及单独导入 EIO 文件(系统参数配置文件)的操作步骤。

任务实施

　　首先在教师的引导下学员查阅 ABB 机器人的相关资料，然后学员利用示教器或控制器进行系统参数备份与恢复操作，掌握数据备份与恢复的操作步骤。通过启发式教学，激发学员的学习兴趣与学习主动性。

❖ **实施步骤 1：工业机器人系统备份**

　　工业机器人系统备份的对象是所有正在系统内运行的 RAPID 程序和系统参数。当机器人系统出现错误或重新安装系统后，可以通过备份快速地把机器人恢复到备份时的状态。工业机器人系统备份的操作步骤如表 5 - 11 所示（以 ABB 机器人为例）。

表 5 - 11　ABB 机器人系统备份的操作步骤

序号	操作步骤	图片说明
1	将 USB 存储设备与示教器连接上，然后进入"主菜单"展开界面，选择"备份与恢复"选项	

续表

序号	操作步骤	图片说明
2	单击"备份当前系统…"	
3	如右图所示，设置备份文件名称，点击"确定"完成文件名的设置	
4	如右图所示，点击相应的选项，选择存放备份文件的位置（USB存储设备）后点击"确定"	

续表

序号	操作步骤	图片说明
5	点击"备份",即可对机器人系统进行备份	

温馨提示:

　　系统备份文件具有唯一性,只能使用到原来进行备份操作的机器人中,否则会引起故障。

❖ 实施步骤 2:工业机器人系统恢复

　　工业机器人系统恢复的操作步骤如表 5 - 12 所示(以 ABB 机器人为例)。

表 5 - 12　工业机器人系统恢复的操作步骤

序号	操作步骤	图片说明
1	将 USB 存储设备与示教器连接上,参照系统备份步骤,进入"备份与恢复"的展开界面,然后单击"恢复系统…"选项	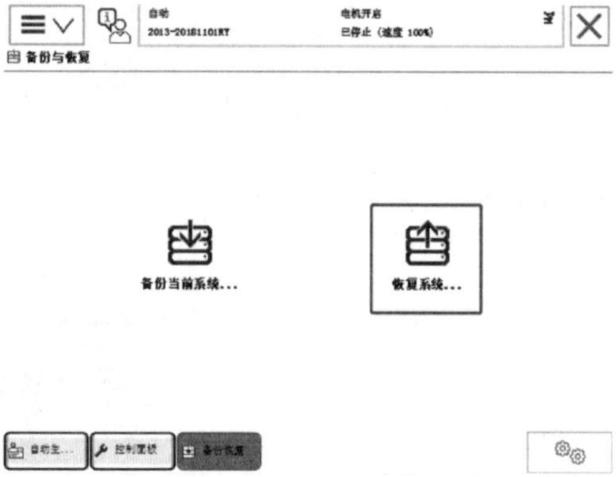

续表

序号	操作步骤	图片说明
2	单击"…"选择已备份的系统文件夹(参考表5-11存放路径,进行文件选择操作),并单击"恢复"	
3	如右图所示,在弹出的界面中,单击"是",之后系统将恢复到备份时的状态	
4	如右图所示,界面出现"正在恢复系统。请等待!",恢复会重新启动示教器,重启后完成机器人系统的恢复	

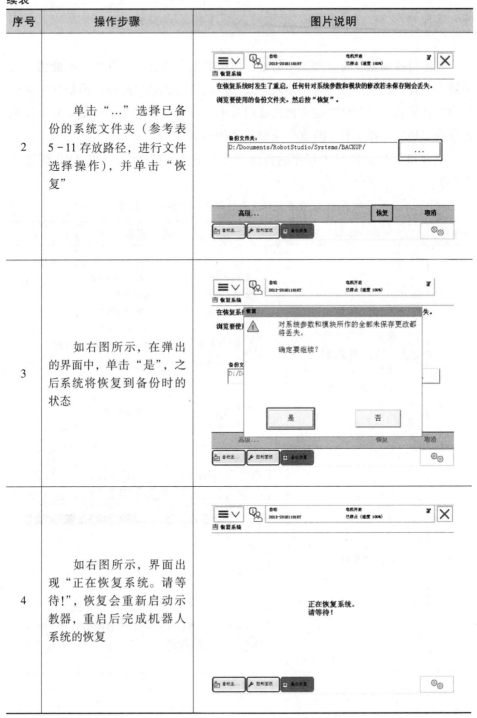

❖ 实施步骤3：工业机器人单独导入程序和 EIO 文件

在进行数据恢复时，要注意的是，备份数据是具有唯一性的，不能将一台机器人的备份恢复到另一台机器人中去，否则会造成系统故障。但是在实际应用中常会将程序和 I/O 的定义做出通用版本，方便在批量生产中使用时可以通过分别单独导入程序和 EIO 文件来解决实际需要。

工业机器人单独导入程序的操作步骤如表 5-13 所示（以 ABB 机器人为例）。

表 5-13　工业机器人单独导入程序的操作步骤

序号	操作步骤	图片说明
1	单击"主菜单"后单击"程序编辑器"	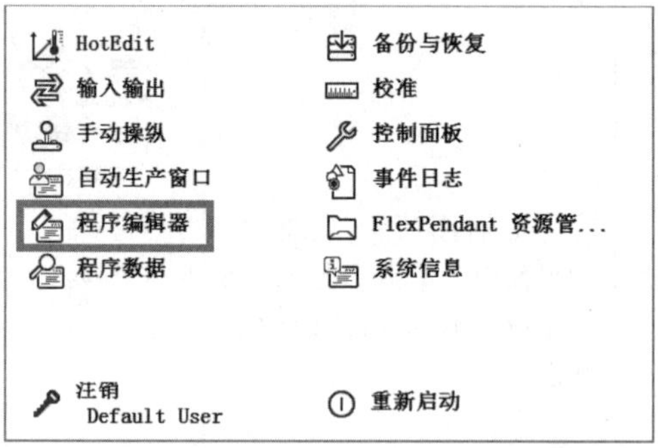
2	单击"模块"	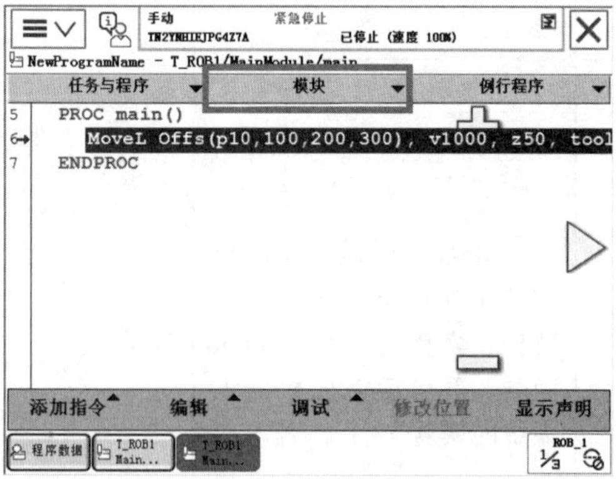

续表

序号	操作步骤	图片说明
3	点击"文件"后选择"加载模块…"选项	
4	点击"是"	
5	从备份目录"\RAPID"下加载所需要的程序模块	

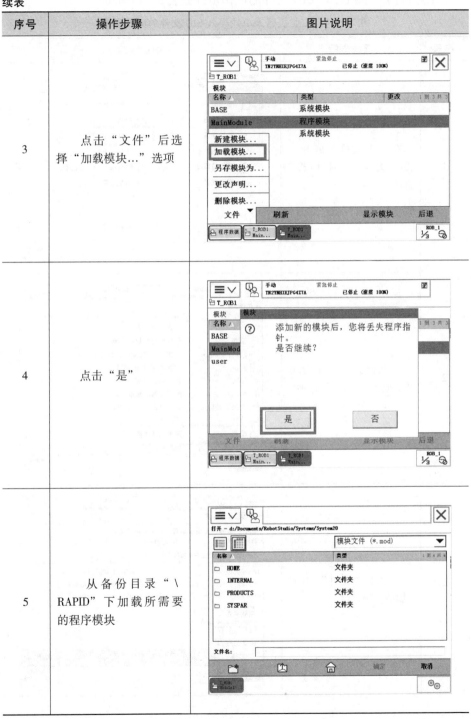

工业机器人单独导入 EIO 文件的操作步骤如表 5-14 所示。

表 5-14　工业机器人单独导入 EIO 文件的操作步骤

序号	操作步骤	图片说明
1	在"主菜单"展开界面中选择"控制面板"选项	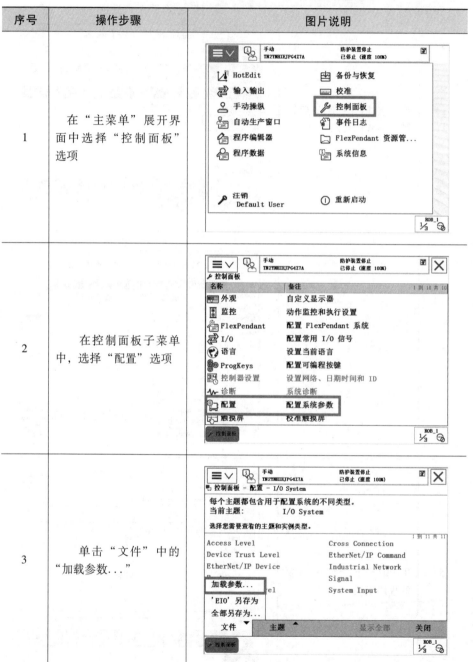
2	在控制面板子菜单中，选择"配置"选项	
3	单击"文件"中的"加载参数…"	

续表

序号	操作步骤	图片说明
4	选择"删除现有参数后加载"选项后单击"加载…"	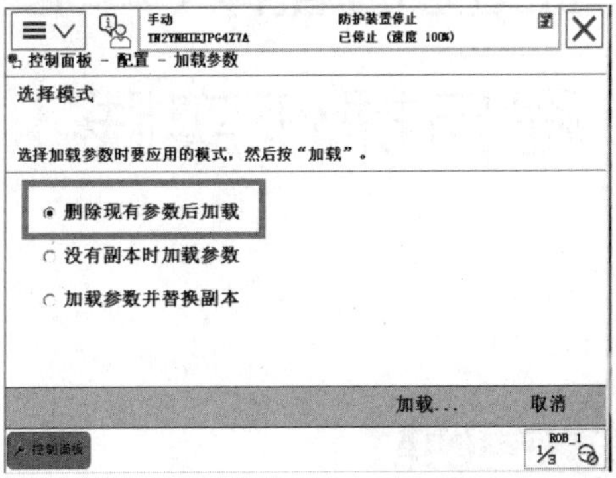
5	选择"EIO"选项后单击"确定",再点击"是",之后控制器重启,完成信号导入	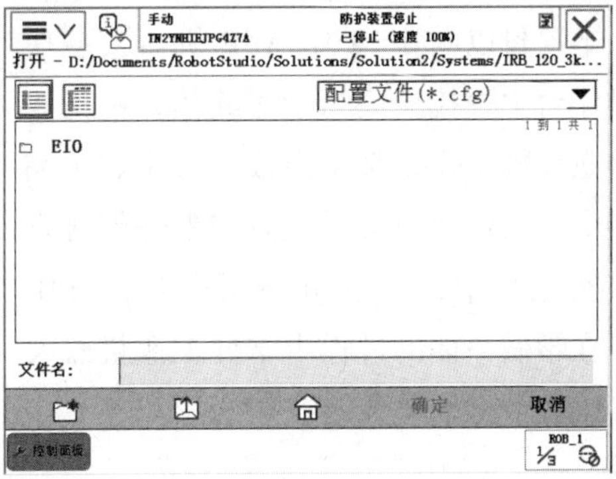

任务评价

各小组在实训课程结束后,老师根据各小组的实际完成情况在表5-15中进行评价。

表5-15　实训操作完成情况评价表

序号	评分项目	得分/分	总分/分
1	工业机器人系统备份的熟练度		20
2	工业机器人系统恢复的熟练度		20
3	工业机器人单独导入程序的熟练度		20
4	工业机器人单独导入EIO文件的熟练度		20
5	操作设备时是否符合安全操作规程		20
总分/分			100

项目六

工业机器人焊接编程与操作实践

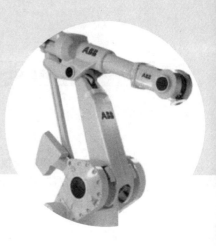

 **项目描述**

本项目以图 6-1 中 ABB 机器人多功能操作台中焊接模块为学习载体，把工业机器人焊接工作站系统组成、常见焊接编程指令、设定工业机器人系统事件等融入项目实施当中，让学员在做中学，学中做，在学做一体的过程中掌握工业机器人焊接编程与操作实践。

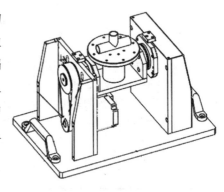

图 6-1　焊接模块

 知识目标

- ◆ 能够知道工业机器人焊接工作站的组成。
- ◆ 能够知道线性焊接指令 ArcLStart、ArcL、ArcLEnd 的使用方法。
- ◆ 能够知道圆弧焊接指令 ArcCStart、ArcC、ArcCEnd 的使用方法。
- ◆ 能够知道脉冲输出指令 PulseDO 的使用方法。
- ◆ 能够知道设定工业机器人系统事件的方法。

 能力目标

- ◆ 能够使用线性焊接指令 ArcLStart、ArcL、ArcLEnd 编写工业机器人程序。
- ◆ 能够使用圆弧焊接指令 ArcCStart、ArcC、ArcCEnd 编写工业机器人程序。
- ◆ 能够使用脉冲输出指令 PulseDO 编写工业机器人程序。

素质目标

◆ 学员具备"7S"现场管理意识。
◆ 学员具备团队协作与沟通的能力。
◆ 学员具备分析和解决问题的能力。

▶ 任务 1　工业机器人焊接工作站的组成 ◀

任务导入

　　如图 6-2 是工业机器人多功能工作台弧焊工作站主要组成部件。弧焊工作站需要机器人与相应的辅助设备组成一个柔性化系统后才能进行焊接作业。操作者可通过示教器进行弧焊机器人运动位置和动作程序的示教，设定运动速度、装配参数等。

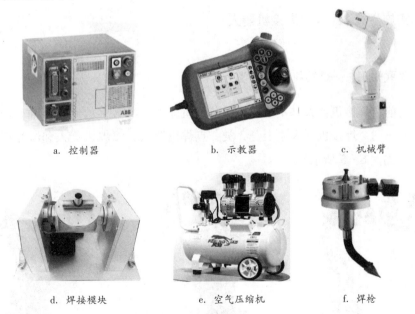

a. 控制器　　　　　　　b. 示教器　　　　　　　c. 机械臂

d. 焊接模块　　　　　e. 空气压缩机　　　　　f. 焊枪

图 6-2　弧焊工作站主要组成部件

任务目标

◆ 知道焊接机器人的分类与特点。
◆ 知道焊接工作站系统的基本组成。
◆ 知道常见焊接工作站常见周边设备。

任务实施

任务实施指引

　　首先组织学员观看工业机器人进行焊接作业的视频，然后学员在老师的指导下观察工业机器人多功能工作台焊接工作站的组成，并了解每个部件的名称与作用，最后学员结合老师的讲解与教材内容了解工业机器人焊接工作站常见系统组成。通过启发式教学，激发学员的学习兴趣与学习主动性。

❖ 实施步骤 1：认识焊接机器人

关联知识 1：焊接机器人分类

　　目前，焊接机器人基本上都是关节型机器人，绝大多数有 6 个轴。按焊接工艺的不同，焊接机器人主要分 3 类：点焊机器人、弧焊机器人和激光焊接机器人（如图 6-3 所示）。

a. 点焊机器人　　　　　　b. 弧焊机器人　　　　　　c. 激光焊接机器人

图 6-3　焊接机器人分类

1．点焊机器人

点焊机器人是用于完成自动点焊作业的工业机器人，其末端执行器为焊钳。在机器人焊接应用领域中，最早出现的便是点焊机器人，被用于完成汽车装配生产线上的电阻点焊作业。

点焊是一种焊件装配成搭接接头，并压紧在两电极之间，利用电阻热熔化母材金属，形成焊点的电阻焊方法。点焊比较适合薄板焊接领域，如汽车车身焊接、车门框架定位焊接等。点焊只需要点位控制，对于焊钳在点与点之间的运动轨迹没有严格要求，这使点焊过程相对简单，对点焊机器人的精度和重复定位精度的控制要求比较低。点焊机器人对负载能力的要求高，同时要求焊钳在点与点之间的移动速度要快，动作要平稳以便于减少移位时间，提高工作效率。

另外，点焊机器人在点焊作业过程中，要保证其焊钳能自由移动，可以灵活变动姿态，同时其电缆不能干涉周边设备。点焊机器人还具有报警系统，如果在示教过程中操作者有错误操作或者在再现作业过程中出现某种故障，点焊机器人的控制器会发出警报，自动停机，并显示错误或故障的类型。

2．弧焊机器人

弧焊机器人是指用于自动弧焊作业的工业机器人，其末端执行器是进行弧焊作业时用的各种焊枪。目前工业生产应用中，弧焊机器人的作业类型主要是熔化极气体保护焊作业和非熔化极气体保护焊作业两种类型。

1）熔化极气体保护焊作业

熔化极气体保护焊作业是指采用连续等速送进可熔化的焊丝与焊件之间的电弧作为热源熔化焊丝和母材金属，形成熔池和焊缝，同时要利用外加保护气体作为电弧介质来保护熔滴、熔池金属及焊接区高温金属免受周围空气的有害作用，从而得到良好焊缝的焊接方法（如图6-4所示）。

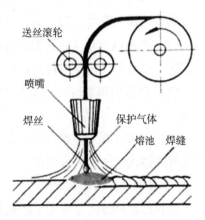

根据保护气体的不同，熔化极气体保护焊主要有：二氧化碳气体保护焊、熔化极活性气体保护焊和熔化极稀有气体保护焊，它们的适用范围如表6-1所示。

图6-4 熔化极气体保护焊示意图

表 6-1   熔化极气体保护焊的分类与适用范围

分类	二氧化碳气体保护焊	熔化极活性气体保护焊（MAG 焊）	熔化极稀有气体保护焊（MIG 焊）
适用范围	结构钢和铬镍钢的焊接	结构钢和铬镍钢的焊接	铝和特殊合金的焊接

熔化极气体保护焊的特点如下。

（1）焊接过程中电弧及熔池的加热熔化情况清晰可见，便于发现问题与及时调整，焊接过程与焊缝质量易于控制。

（2）在通常情况下不需要采用管状焊丝，焊接过程没有熔渣，焊后不需要清渣，降低焊接成本。

（3）适用范围广，生产效率高。

（4）焊接时采用明弧，使用的电流密度大，电弧光辐射较强，不适于在有风的地方或露天施焊，且设备组成较复杂。

2）非熔化极气体保护焊作业

非熔化极气体保护焊主要指钨极稀有气体保护焊，即采用纯钨或活化钨作为不熔化电极，利用外加稀有气体作为保护介质的一种电弧焊方法。钨极稀有气体保护焊广泛用于焊接容易氧化的有色金属铝、镁等及合金等，还有难熔的活性金属（如钼、铌、锆等）。

钨极稀有气体保护焊有如下特点。

（1）弧焊过程中电弧可以自动清除工件表面氧化膜，适用于焊接易氧化、化学活泼性强的有色金属、不锈钢和各种合金。

（2）钨极电弧稳定。即使在很小的焊接电流（＜10A）下仍可稳定燃烧，特别适用于薄板、超薄板材料焊接。

（3）热源和填充焊丝可分别控制，热输入容易调节，可进行各种位置的焊接。

（4）钨极承载电流的能力较差，过大的电流会引起钨极熔化和蒸发，其微粒有可能进入熔池，造成污染。

3. 激光焊接机器人

激光焊接机器人是指用于激光焊接自动作业的工业机器人，它能够实现更加柔性的激光焊接作业，其末端执行器是激光加工头。

传统的焊接由于热输入极大，会导致工件扭曲变形，从而需要大量后续加工手段来弥补此变形，致使费用增多，而采用全自动的激光焊接技术可以极大地减小工件变形，提高焊接产品质量。激光焊接属于熔融焊接，是将高强度的激光束辐射至金属表面，通过激光与金属的相互作用，金属吸收激光转化为热能使金属熔化后冷却结晶形成焊接。激光焊接属于非接触式焊接，作业过程中不需要加压，但需要使用稀有气体以防熔池氧化。

激光焊接的特点如下。

（1）焦点光斑小，激光能量密度高，能焊接高熔点、高强度的合金材料。

（2）无须电极，没有电极污染或受损的顾虑。

（3）属于非接触式焊接，极大地降低工件的耗损及变形。

（4）焊接速度快，功效高，可进行复杂形状的焊接，且可焊的材质种类范围大。

（5）热影响区小，材料变形小，无须后续工序。

（6）不受磁场影响，能精确对准焊件。

（7）焊件位置需非常精确，务必在激光束的聚焦范围内。

（8）激光焊接高反射性及高导热性材料，如铝、铜及其合金等，焊接质量会下降。

激光焊接具有能量密度高、变形小、焊接速度高、无后续加工的优点，近年来，激光焊接机器人广泛应用于汽车、航天航空、国防工业、造船、海洋工程、核电设备等领域，非常适用于大规模生产线和柔性制造。

关联知识 2：焊接机器人优点

焊接机器人是指从事焊接作业的工业机器人，它能够按作业要求（如轨迹、速度等）将焊接工具送到指定空间位置，并完成相应的焊接过程。大部分焊接机器人是由工业机器人配置某种焊接工具而构成，只有少数是为某种焊接方式专门设计的。

焊接机器人主要有以下优点。

（1）具有较高的稳定性，可提高焊接质量保证焊接产品的均一性。

（2）能够在有害、恶劣的环境下作业。

（3）降低对工人操作技术的要求，且可以进行连续作业，生产效率高。

（4）可实现小批量产品的焊接自动化生产。

（5）能缩短产品更新换代的准备周期，减少相应的设备投资，提高企业效益。

焊接机器人应用广泛，在各国机器人应用比例中占总数的 40% ~ 60%，广泛应用于汽车、土木建筑、航天、船舶、机械加工、电子电气等相关领域。

关联知识 3：弧焊动作

一般而言，弧焊机器人进行焊接作业时主要有 4 种基本的动作形式：直线运动、圆弧运动、直线摆动和圆弧摆动。任何复杂的焊接轨迹都可以看成是由这 4 种基本动作形式组合而成。焊接机器人作业时的附加摆动（直线摆动、圆弧摆动）是为了保证焊缝位置对中和焊缝两侧熔合良好。

直线摆动和圆弧摆动的介绍如下。

1. 直线摆动

机器人沿着一条直线做有一定振幅的摆动运动。直线摆动程序先示教 1 个摆动起始点，再示教 2 个振幅点和 1 个摆动结束点，如图 6-5a 所示。

2. 圆弧摆动

机器人能够以一定的振幅摆动运动通过一段圆弧。圆弧摆动程序先示教 1 个摆动起始点，再示教 2 个振幅点和 1 个圆弧摆动中间点，最后示教 1 个摆动结束点，如图 6-5b 所示。

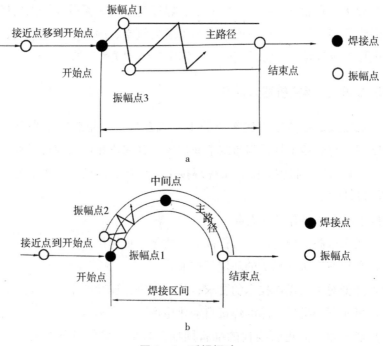

图 6-5　弧焊摆动

❖ **实施步骤2：认识工业机器人弧焊工作站常见组成部件**

各小组观察工业机器人多功能工作台，说说工作台中焊接工作站由哪些部件组成，并将部件名称填写在表6-2中。

表6-2　焊接工作站的组成部件

序号	名称
1	
2	
3	
4	
5	

关联知识1：弧焊作业系统组成

弧焊机器人系统主要由机器人本体、控制器、示教器、弧焊作业系统和周边设备组成。弧焊作业系统主要由焊枪、弧焊电源、送丝机和焊丝盘架等组成。

1. 焊枪

如图6-6所示，焊枪是指在弧焊过程中执行焊接操作的部件。它与送丝机连接，通过接通开关，将弧焊电源的大电流产生的热量聚集在末端来融化焊丝，而融化的焊丝渗透到需要焊接的部位，冷却后，被焊接的工件牢固地连接在一起。

图6-6　弧焊焊枪

焊枪一般由喷嘴、导电嘴、气体分流器、喷嘴接头和枪管（枪颈）等部分组成。有时会在机器人的焊枪把持架上配备防撞传感器，其作用是当机器人运动时，万一焊枪碰到障碍物，能立即使机器人停止运动，避免焊枪或机器人损坏。

其中，导电嘴装在焊枪的出口处，能够将电流稳定地导向电弧区。导电嘴的孔径和长度因焊丝直径的不同而不同。喷嘴是焊枪的重要零件，其作用是向焊接区域输送保护气体，防止焊丝末端、电弧和熔池等与空气接触。

2. 弧焊电源

弧焊电源是用来给焊接电弧提供电能的一种专用设备（如图6-7所示）。

弧焊电源的负载是电弧，它必须具有弧焊工艺所要求的电气性能，如合适的空载电压、一定形状的外特性、良好的动态特性和灵活的调节特性等。

弧焊电源按输出电流不同分为直流、交流和脉冲3类；按输出外特性特征不同分为恒流特性、恒压特性和缓降特性（介于恒流特性与恒压特性两者之间）3类。

熔化极气体保护焊的焊接电源通常有直流和脉冲2种，它一般不使用交流电源。其采用的直流电源有：磁

图6-7   弧焊电源

放大器式、晶闸管式、晶体管式和逆变式弧焊整流器等几种。

为了安全起见，每个焊接电源需安装无保险管的断路器或带保险管的开关。母材侧电源电缆必须使用焊接专用电缆，并避免电缆盘卷，否则因线圈的电感储积电磁能量，二次侧切断时会产生巨大的电压突波，从而导致电源出现故障。

3. 送丝机

送丝机是为焊枪自动输送焊丝的装置，一般安装在机器人第3轴上，由送丝电动机、加压控制柄、送丝滚轮、送丝导向管接头、加压滚轮等组成，如图6-8所示。

送丝电动机驱动送丝滚轮旋转，为送丝提供动力，加压滚轮将焊丝压入送丝滚轮上的送丝槽，增大焊丝与送丝滚轮的摩擦，将焊丝修整平直，平稳送出，使进入焊枪的焊丝在焊接过程中不会出现卡

图6-8   送丝机

丝现象。根据焊丝直径不同，通过调节加压控制手柄调节压紧力的大小。送丝滚轮的送丝槽一般有 $\Phi 0.8$ mm、$\Phi 1.0$ mm、$\Phi 1.2$ mm 等3种规格，应按照焊丝的直径选择相应的送丝滚轮。

送丝机按照送丝形式分为推丝式、拉丝式和推拉丝式3种；按送丝滚轮数可分为一对滚轮和两对滚轮。

推丝式送丝机主要用于直径为0.8~2.0 mm 的焊丝，它是一种应用最广的送丝机；拉丝式送丝机主要用于细焊丝（焊丝直径小于或等于0.8 mm），因为细焊丝刚性小，推丝过程容易变形，难以推丝；而推拉式送丝机既包含推丝式，又包含拉丝式，但由于结构复杂，调整麻烦，实际应用并不多。

有只有一个电动机驱动一对或两对滚轮的，也有用两个电动机分别驱动两个滚轮的。

关联知识2：焊接工作站的周边设备

焊接工作站的周边设备包括安全保护装置、机器人安装平台、输送装置、工件摆放装置、变位机、焊枪清理装置和工具快换装置等。

其中，变位机和焊枪清理装置的介绍如下。

1. 变位机

在某些焊接场合，因工件空间几何形状过于复杂，焊枪无法到达指定的焊接位置，此时需要采用变位机来增加机器人的自由度（如图6-9所示）。

图6-9　变位机

变位机的主要作用是在焊接过程中将工件进行翻转变位，以获得最佳的焊接位置，它可缩短辅助时间，提高劳动生产力，改善焊接质量。如果采用伺服电动机驱动变位机翻转，变位机可作为机器人的外部轴，与机器人实现联动，达到同步运行目的。

2. 焊枪清理装置

焊枪经过长时间焊接后，内壁会积累大量的焊渣，影响焊接质量，因此需要使用如图6-10所示的焊枪清理装置进行定期清除。焊丝过短、过长或焊丝端头成球形，也可以通过焊枪清理装置进行处理。

图6-10　焊枪清理装置

任务拓展

1. 焊接机器人主要分为几类？各有什么不同？

_____

_____

2. 弧焊熔化极气体保护焊的特点是什么？

_____

_____

3. 弧焊作业系统由哪些部件组成？

_____

_____

▶ 任务 2　工业机器人弧焊应用编程与操作实践 ◀

任务导入

　　工业机器人完成弧焊作业是工业上十分常见的一种应用，弧焊机器人在焊接生产线上发挥着强大的作用。通过工业机器人多功能工作台弧焊模块的学习，了解常见焊接指令的使用。图 6 - 11 为工业机器人多功能工作台焊接模块。

图 6 - 11　焊接模块

任务目标

◆ 了解直线焊接指令 ArcLStart、ArcL、ArcLEnd 的使用方法。
◆ 了解圆弧焊接指令 ArcCStart、ArcC、ArcCEnd 的使用方法。
◆ 知道 PulseDO 指令的使用方法。
◆ 能够完成焊接模块的编程与操作实践。

任务实施

任务实施指引

　　在老师的指导下，学员观看工业机器人工作台虚拟焊接作业的流程，明确本节课堂任务目标，然后老师引导学员学习编程指令，最终要求学员操纵工业机器人完成虚拟焊接的编程。通过启发式教学，激发学员的学习兴趣与学习主动性。

❖ 实施步骤 1：配置焊接工作站 I/O 信号

实施过程 1：确定 I/O 信号

查看工业机器人多功能工作台电气图，确定完成焊接模块作业需要的 I/O

信号以及对应的接线端口。如图 6 - 12 是工业机器人多功能工作台焊接模块 I/O 电气图。

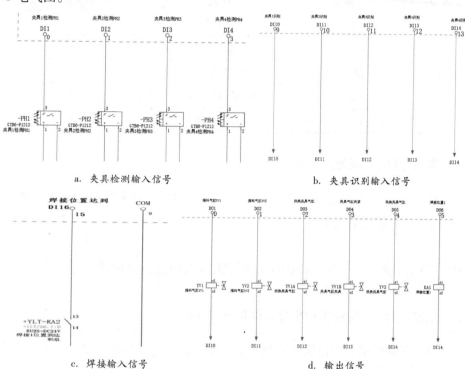

a. 夹具检测输入信号　　　　　　　　b. 夹具识别输入信号

c. 焊接输入信号　　　　　　　　d. 输出信号

图 6 - 12　工业机器人多功能工作台焊接模块 I/O 电气图

完成焊接模块工作需要的末端执行器为图 6 - 13 中的夹具 1——焊枪。

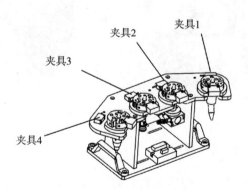

图 6 - 13　工业机器人多功能工作台工具库

综上所述，工业机器人多功能操作台焊接模块在完成对应的作业时需要如表 6 - 3 中所示的 I/O 信号。

表 6-3   焊接模块 I/O 信号

序号	I/O 类型	I/O 定义	映射接线地址
1	DI1	夹具 1 检测	0
2	DI11	夹具 1 识别	10
3	DI16	变位机到位	15
4	DO5	快换夹具气缸松开	4
5	DO6	输出脉冲	5

实施过程 2：配置 I/O 信号

根据表 6-3 中确定的焊接模块 I/O 信号，使用 ABB 机器人示教器添加 I/O 信号到机器人系统中。

❖ 实施步骤 2：规划工业机器人焊接运行轨迹及新建例行程序

实施过程 1：规划工业机器人焊接运行轨迹

根据任务需求，变位机运转到初始位置，工业机器人下去焊接一半的工件后抬起，然后变位机转换角度，机器人再焊接另一半工件（如图 6-14）。

图 6-14   焊接运行轨迹

实施过程 2：新建例行程序

结合制定的工业机器人焊接运行轨迹，用 ABB 机器人示教器编写轨迹程序，表 6-4 所示为程序清单。

表6-4 程序清单

程序
PROC HanJie； get_ tool1； MoveJ home，v1000，z50，tool1； MoveL offs（HJ1，0，0，30），v400，z10，tool1； MoveL HJ1，v50，fine，tool1； MoveC HJ2，HJ3，v30，fine，tool1； MoveL offs（HJ3，0，0，100），v200，z20，tool1； PulseDO \ PLength：=3，DO6； WaitDI DI6，1； MoveL offs（HJ4，0，0，100），v400，z10，tool1； MoveL HJ4，v50，fine，tool1； MoveC HJ5，HJ6，v30，fine，tool1； MoveL offs（HJ6，0，0，100），v200，z10，tool1； MoveJ home，v1000，z50，tool0 ENDPROC

添加焊接程序的操作步骤如表6-5所示。

表6-5 添加焊接程序的操作步骤

序号	操作步骤	图片说明
1	新建例行程序"Han-Jie"，输入例行程序调用工具tool1并添加机器人移动到原点位姿的指令	

续表

序号	操作步骤	图片说明
2	使用 MoveL 指令，建立机器人移动到开始焊接初始位置的程序	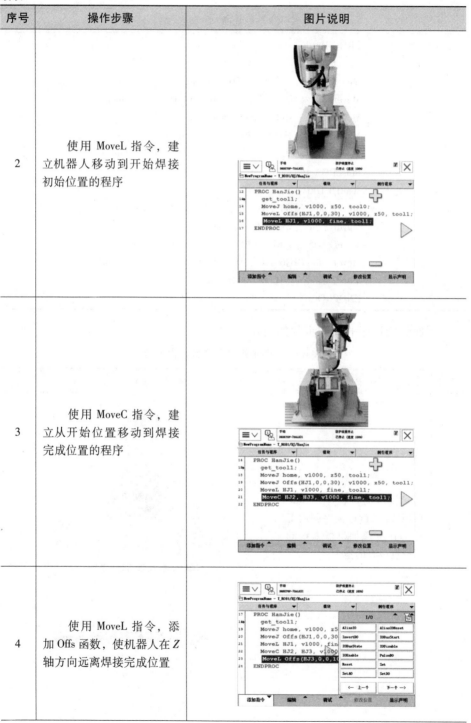
3	使用 MoveC 指令，建立从开始位置移动到焊接完成位置的程序	
4	使用 MoveL 指令，添加 Offs 函数，使机器人在 Z 轴方向远离焊接完成位置	

续表

序号	操作步骤	图片说明
5	修改完参数后点击"确定"	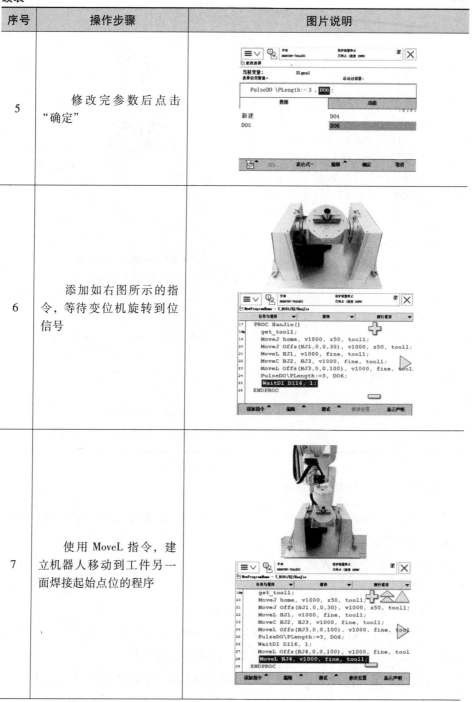
6	添加如右图所示的指令，等待变位机旋转到位信号	
7	使用 MoveL 指令，建立机器人移动到工件另一面焊接起始点位的程序	

续表

序号	操作步骤	图片说明
8	使用 MoveC 指令，建立机器人从工件反面开始位置移动到焊接完成位置的程序	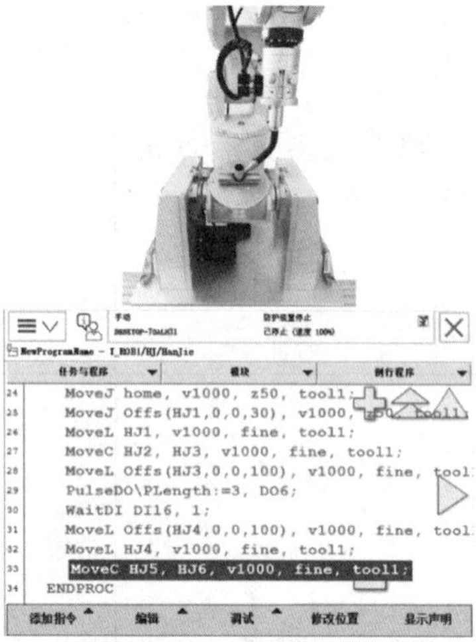
9	程序添加完成	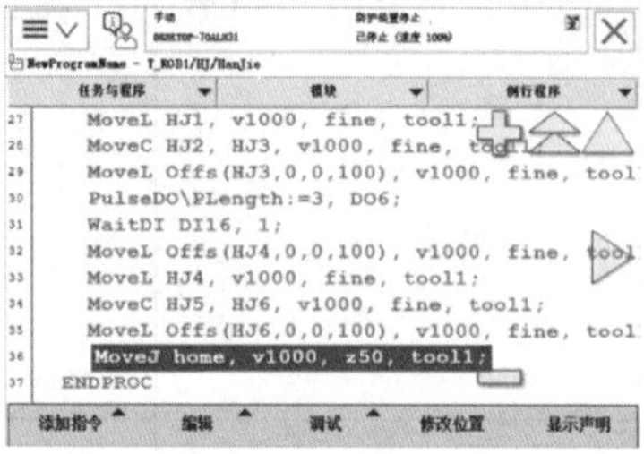

关联知识 1：PulseDO 指令

PulseDO 指令可在指定的 DO 上输出脉冲信号，输出脉冲宽度、输出形式可通过指令添加项定义。

PulseDO 指令的编程格式及指令添加项、程序数据要求如下所示。

PulseDO ［ \ High］［ \ PLength］Signal;

Signal：DO 信号名称，数据类型为 signaldo。

\ PLength：输出脉冲宽度，数据类型 num，单位为 s，允许输入范围为 0.001~2 000。省略添加项时，系统默认的脉冲宽度为 0.2 s。

\ High：输出脉冲形式定义，数据类型 switch。增加添加项" \ High"，将规定输出脉冲只能为"1"状态，实际输出有图 6-14b 所示的两种情况：如指令执行前 DO 信号状态为"0"，则产生一个正脉冲，脉冲宽度可通过添加项"\PLength"指定，未使用添加项"\PLength"时，系统默认的脉冲宽度为 0.2 s；如指令执行前 DO 信号状态为"1"，则其"1"状态将保持"\PLength"指定的时间，未使用添加项"\PLength"时，系统默认为 0.2 s。在未使用添加项"\High"时，PulseDO 指的输出如图 6-14a 所示。

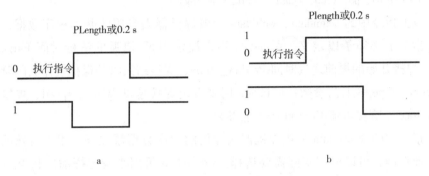

图 6-14　PulseDO 指令输出图

PulseDO 指令的编程实例及说明如下。

PulseDO　DO15；	//DO15 输出宽度为 0.2 s 的脉冲
PulseDO \PLength：=2，DO6；	//DO6 输出宽度为 2 s 的脉冲
PLength \High，DO6	//DO6 输出 0.2 s 的脉冲，或保持"1"状态 0.2 s。

关联知识 2：弧焊指令

弧焊系统需要进行特殊的引弧、熄弧、送丝、退丝、剪丝等控制和焊接电流、电压等模拟量的自动调节。因此，控制系统通常需要配套专门的弧焊控制模块，有弧焊专用的指令和程序数据。

（1）ArcLStart：TCP 直线插补运动，在目标点附近自动引弧。编程实例如下。

ArcLStart p1，v500，seam1，weld1，fine，tool6；

（2）ArcL：TCP 直线插补自动焊接运动。编程实例如下。

ArcL p2，v200，seam1，weld1，fine，tool6；

（3）ArcLEnd：TCP 直线插补运动，在目标点附近自动熄弧。编程实例如下。

ArcLEnd p3，v200，seam1，weld1，fine，tool6；

（4）ArcCStart：TCP 圆弧插补自动焊接运动，在目标点附近自动引弧。编程实例如下。

ArcCStart p1，p2，v500，seam1，weld1，fine，tool6；

（5）ArcC：TCP 圆弧插补自动焊接运动。编程实例如下。

ArcC p3，p4，v200，seam1，weld1，fine，tool6；

（6）ArcCEnd ：TCP 圆弧插补焊接运动，在目标点附近自动熄弧。编程实例如下。

ArcCEnd p5，p6，v200，seam1，weld1，fine，tool6；

以上指令中的 seamdata、welddata 为弧焊机器人专用的基本程序数据，在焊接指令中必须予以定义。seamdata 用来设定引弧/熄弧的清枪时间 Purge_ime、焊接开始的提前送气时间 Preflow_ time、焊接结束时的保护气体关闭延时 Postflow_ time 等工艺参数；welddata 用来设定焊接速度 Weld_ speed、焊接电压 Voltaga、焊接电流 Current 等工艺参数。

指令中的 weavedata 为弧焊机器人专用的程序数据添加项，用于特殊的摆焊作业控制，可以根据实际需要选择。weavedata 可用来设定摆动形状 Weave-shape、摆动类型 Weave_ type、行进距离 Weave_ length，以及 L 型摆和三角摆的摆动宽度 Weave_ width、摆动高度 Weave_ height 等参数。

实施过程 3：程序校验、调试

调用例行程序"HanJie"，使弧焊机器人单步低速运行，查看其运行轨迹是否合理，校验过程中可优化弧焊机器人各点姿态。单步运行正常后，可在手动模式下使弧焊机器人提速自动运行一周，以确保弧焊机器人在自动模式下不会发生碰撞。

❖ 实施步骤 3：焊接自动运行

新建主程序"Main"，然后依次调用装载焊接工具例行程序、焊接运动例行程序，然后将工业机器人调至自动运行模式，使其先低速自动运行，确定没有问题后，调快速度运行。

任务评价

各小组在实训课程结束后，老师根据各小组的实际完成情况在表 6 - 6 中进行评价。

表 6-6　实训课程完成情况评价表

序号	评分项目	得分/分	总分/分
1	对焊接工作站组成部件的熟练度		20
2	配置焊接 I/O 信号的熟练度		10
3	编写与运行焊接工具自动装载程序的熟练度		20
4	编写与运行焊接程序的熟练度		40
5	操作设备时是否符合安全操作规程		10
总分/分			100

任务拓展

简述工业机器人多功能工作台焊接模块中变位机的作用。

_____

_____

▶ 任务3　工业机器人异常事件 ◀

任务导入

工业机器人异常事件是指由于硬件设备问题或软件设计错误而导致工业机器人无法运行的事件。通常可以通过系统事件日志中报错编号查看事件类型，然后根据故障排除手册，找到对应的处理方式。

任务目标

◆ 了解常见工业机器人异常事件及其处理方式。

◆ 掌握工业机器人急停事件配置。

任务实施

任务实施指引

在教师的引导下，学员利用示教器或控制器进行系统急停程序编写并完成系统的关联。通过启发式教学，激发学员的学习兴趣与学习主动性。

❖ **实施步骤1：工业机器人常见事件与异常事件**

关联知识1：事件类型

IRC5 紧凑型控制器支持 3 种类型的事件：消息、警告和错误。下面对它们进行介绍。

（1）消息：记录事件日志，并不要求用户进行任何特别的操作。

（2）警告：提醒用户系统发生了某些无须纠正的事件，操作会继续。

（3）错误：系统出现了严重错误，操作已经停止，需用户立即采取行动解决错误。

关联知识2：常见事件

系统读取的常见事件见表 6-7。

表 6-7　常见事件

编号系列	事件类型
1××××	操作事件：与系统处理有关的事件
2××××	系统事件：与系统功能、系统状态、控制器硬件有关的事件
3××××	硬件事件：与系统硬件、操纵器、控制硬件有关的事件
4××××	程序事件：与 RAPID 的指令、数据等有关的事件
5××××	I/O 事件：与输入输出、数据总线等有关的事件

关联知识 3：异常事件

下面列举几个常见的异常事件。

（1）10002——程序指针已经复位。

说明： 任务的程序指针已经复位。

后果： 启动后，程序将在任务录入例行程序发出的第一个指令时开始执行。

（2）10010——电机下电（OFF）状态。

说明： 系统处于电机下电（OFF）状态，从手动模式切换至自动模式，或者程序执行过程中电机电路被打开后，系统就会进入此状态。

后果： 闭合电机上电（ON）电路之前无法进行操作，此时，机械臂被机械闸固定在合适位置。

（3）20010——紧急停止状态。

说明： 紧急停止电路在之前已断开，但在断开后仍试图操作机器人。

后果： 系统状态保持为"紧急停止后等待电机开启"。

（4）50027——关节超出范围。

说明： 关节的任务位置超出了工作范围。

建议措施： 使用操纵杆将关节移动至其工作范围之内。

（5）50031——不允许该命令。

说明： 在电机上电状态，无法更改系统参数。

建议措施： 更改为电机下电状态。

在以上异常事件中，设备上经常使用且需要立即处理的事件是急停事件。急停事件是用于在机器人紧急情况下，停止机器人运动以及对外围设备进行一定的通信处理，比如机械臂末端的工具吸盘需要抓住当前工件，在外部急停情况下，要保证吸盘不能放下工件，以免损坏工件。

❖ **实施步骤 2：急停事件配置**

工业机器人系统急停事件配置的操作步骤如表 6-8 所示。

表 6-8   工业机器人急停事件配置的操作步骤

序号	操作步骤	图片说明
1	点击"主题"选项	
2	单击"Controller"	
3	选择"Event Routine",点击"显示全部",点击"添加"	

续表

序号	操作步骤	图片说明
4	修改参数后，单机"确定"，完成设置	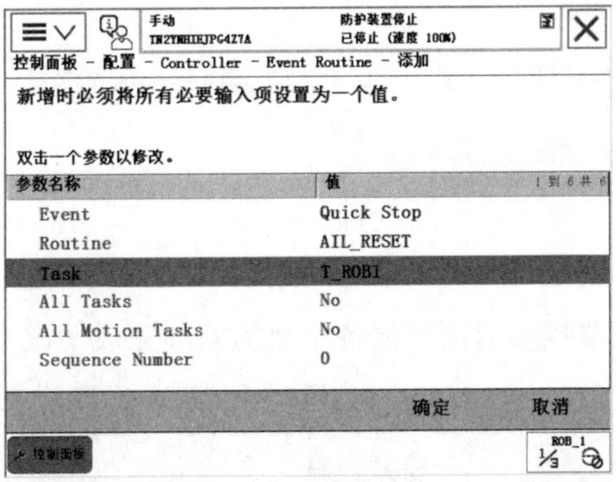

温馨提示：

　　紧急停止状态下，急停响应程序中的所有机器人运动指令都不会被执行，该响应程序中不可以添加任何运动指令。

关联知识1：Event Routine 中各参数名称

Event Routine 中各参数名称及说明如下。

Event：机器人系统触发事件。

Routine：程序，机器人事件响应程序。

Task：任务，当前机器人执行任务。

All Tasks：所有任务是否执行。

All Motion Tasks：所有运动电机任务是否执行。

Sequence Number：序列号，处理事件优先级。

关联知识2：Event 中各选项说明

Event 中各选项说明如下。

POWER-ON：系统上电或重启触发事件，执行对应的例行程序。

START：按下启动按钮或外部启动信号触发事件，执行对应的例行程序。

STOP：按下停止按钮或外部停止信号触发事件，执行对应的例行程序。

QUICK STOP：机器人迅速停止（即紧急停止）触发事件，执行对应例行程序。

RESTART：从停止位置开始执行时触发事件，执行对应的例行程序。

RESET：先关闭，用示教器载入一则新程序触发事件，执行对应的例行程序。

STEP：步进或步退触发事件，执行对应的例行程序。

"6S" 检查

各小组在实训课程结束后，根据实训室"6S"管理条例，检查各项设备，清理整顿。老师根据各小组的实际完成情况在表 6 - 9 中进行评价。

表 6 - 9　实训点 "6S" 整理完成情况

6S 完成步骤	结合完成情况打钩
工业机器人调整到"HOME"点位	完成□　未完成□
正确关闭机器人及电气控制系统开关	完成□　未完成□
示教器放好，线缆捆扎整齐	完成□　未完成□
清洁相关设备并归位	完成□　未完成□
清洁实训工位	完成□　未完成□
整理实训工单	完成□　未完成□

任务拓展

使用工业机器人系统配置 START、STOP、RESTART 三个事件。